LES PRINCIPES

DE

L'ARITHMÉTIQUE,

OUVRAGE ESSENTIELLEMENT THÉORIQUE,

PAR

LEROI-LÉRAILLÉ,

MAITRE DE PENSION.

Analogie. — Rigueur. — Concision.

AMIENS,

Imprimerie de Duval et Herment, place Périgord, 1.

——

1850.

LES PRINCIPES

DE

L'ARITHMÉTIQUE.

LES PRINCIPES

DE

L'ARITHMÉTIQUE,

OUVRAGE ESSENTIELLEMENT THÉORIQUE,

PAR

LEROI - LÉRAILLÉ,

MAITRE DE PENSION.

Analogie, Rigueur, Concision.

AMIENS,

Imprimerie de Duval et Herment, place Périgord, 1.

1850.

BUT.

—

Les sciences mathématiques sont les applications les plus sûres de la logique ; ce sont à proprement parler les mobiles qui conduisent à la rectitude du jugement.

Cependant que de jeunes gens, après des études que l'on supposerait sérieuses, vous étonnent par le peu de perspicacité et de rigueur de leurs appréciations.

Il n'est pas admissible que la rectitude puisse conduire à l'erreur.

C'est donc à la méthode qu'il faut s'en prendre.

Ne nous contentons pas de constater les faits, mais descendons à la source qui les conçoit.

La pendule n'est-elle pas plus sévère dans le principe de l'organisation de ses rouages que dans la mesure du temps qu'elle exprime ?

Pivot de toutes les autres sciences, les mathématiques pures ont pour terme d'organisation l'origine et l'assemblage des éléments, lorsque celles-là se limitent à l'acte de l'existence des résultats.

Présenter la science de l'Arithmétique dans l'origine de ses éléments et dans l'ensemble rigoureux des principes, les propriétés dans les lois qui leur donnent naissance, tel est le but que je me suis proposé.

Exposé des Matières.

Notions générales,

COMPRENANT

LA DÉTERMINATION DU NOMBRE,
LES CARACTÈRES DE DÉSIGNATION ET DE COMBINAISON,
LES PROPRIÉTÉS RELATIVES AUX OPÉRATIONS.

Nombres entiers,

CONSIDÉRÉS

DANS LEUR NUMÉRATION,
DANS LEURS OPÉRATIONS,
DANS LEUR DIVISIBILITÉ.

Fractions,

EXPOSÉES

DANS LEURS CARACTÈRES ET LEURS PROPRIÉTÉS,
DANS LEURS TRANSFORMATIONS,
DANS LEURS OPÉRATIONS.

Certaines d'entr'elles donnent lieu

Aux Fractions décimales,

DÉTERMINÉES

DANS LEURS CARACTÈRES ET LEURS PROPRIÉTÉS,
DANS LEURS OPÉRATIONS.

Les deux espèces de fractions

CONDUISENT

A la conversion entre elles des Fractions ordinaires et des Fractions décimales.

Les Multiplications successives du même facteur, par réciprocité,

DONNENT NAISSANCE

A l'extraction des Racines,

OBJET

D'OPÉRATIONS PARTICULIÈRES.

De la comparaison des quantités

SE DÉDUISENT

LES RAPPORTS, —

FORMANT

LES PROPORTIONS, —

D'OÙ DÉRIVENT

LES PROGRESSIONS, —

DONT L'IMPORTANCE LA PLUS GRANDE CONSISTE
DANS LES LOGARITHMES.

PRÉLIMINAIRES.

MATHÉMATIQUES EN GÉNÉRAL.

Dimensions de l'Etendue.— Etendue. — Grandeur. — Mathématiques, — pures, mixtes.

Considérons un corps, il présente des faces plus ou moins grandes et par suite possède un plus ou moins grand volume.

Les lignes, limites des faces, n'ont qu'une dimension, les surfaces en ont deux, le volume trois : la longueur, la largeur et la hauteur sont les trois dimensions de l'Etendue.

Les corps ont telle vitesse, telle pesanteur.....

Comme propriétés de la matière, soit dans le rapport des corps entre eux, soit dans l'assemblage des éléments qui les composent, ce sont des phénomènes physiques ou chimiques.

Le plus ou moins de la ligne, de la surface, du volume, et par extension de la vitesse, de la pesanteur..., constitue l'Etendue.

On appelle Grandeur ou Quantité tout ce qui est appréciable en étendue, — ou abstractivement, — tout ce qui est susceptible d'augmentation ou de diminution.

Les Mathématiques sont la science des grandeurs.

Elles sont pures ou mixtes :

Pures, s'il s'agit seulement de l'étendue.

Mixtes, quand elles ont rapport aux propriétés internes de la matière.

MATHÉMATIQUES PURES.

Objet des Mathématiques pures.—Calculer.—Deux sortes de calculs.— Mesurer.— Trois parties dans les Mathématiques pures. — Arithmétique. — Algèbre.— Leur différence.— Géométrie.

Calculer et mesurer, tel est le but des Mathématiques pures.

Le calcul a pour objet l'assemblage des grandeurs en raison de leurs rapports.

Les grandeurs sont déterminées en étendue ou non.

L'assemblage des grandeurs représentées en étendue ne laisse dans ses résultats aucune trace des éléments de la composition.

L'assemblage des grandeurs prises indépendamment de leur étendue ne saurait être que figuré.

Delà deux sortes de calculs des grandeurs : l'Arithmétique et l'Algèbre.

Mesurer, c'est déterminer l'étendue de la grandeur.
Delà la Géométrie.

Delà donc trois sciences principales dans les Mathématiques pures : l'Arithmétique, l'Algèbre et la Géométrie.

L'Arithmétique est la science des nombres.

L'Algèbre est la science du calcul des grandeurs indéterminées en étendue.

Ainsi, liaison des grandeurs déterminées qui les confond en une d'une part, et relations générales des grandeurs indéterminées entre elles de l'autre, telle est la différence de ces sciences.

La Géométrie est la science de la mesure de l'étendue.

ARITHMÉTIQUE.

DIVISION.

NOMBRES ABSTRAITS, — CONCRETS.

Dans leur emploi général ou particulier, les nombres sont abstraits ou concrets :

Abstraits, s'ils conviennent à toute espèce de choses indistinctement ;

Concrets, lorsqu'ils désignent une espèce particulière d'unités.

NOMBRES ABSTRAITS.

PRINCIPES.

NOTIONS GÉNÉRALES.

I.

DÉTERMINATION DU NOMBRE.

1. — *Evaluation de la grandeur, — Unité, — Nombre, —*
Les nombres sont infinis.

Evaluer l'étendue de la grandeur, c'est arrêter, par la comparaison d'une grandeur indéterminée avec une grandeur connue, combien de fois la première contient la seconde.

La grandeur prise pour servir de terme de comparaison aux grandeurs de même espèce, s'appelle Unité. — Le mètre.

Le résultat de la comparaison d'une grandeur à l'unité pour exprimer l'évaluation de la grandeur en étendue est le Nombre. — Quinze.

La grandeur est infiniment variée en étendue : les nombres sont infinis comme elle.

2. — *Sortes de Nombres ; — Nombre entier, — Fraction, —*
Fractionnaire ; — Parties à considérer dans les nom-
bres ; — Formation du nombre entier, — De la fraction ;
— Nombre irrationnel.

Par la comparaison de la grandeur à l'unité, on constate que la grandeur contient ou une unité, ou une unité plus une unité... un nombre exact de fois l'unité, où l'un de ces nombres plus une partie de l'unité.

D'ailleurs la grandeur peut être inférieure à l'unité.

De là, le nombre est entier, fraction ou fractionnaire.

Entier, s'il contient un nombre exact de fois l'unité, — Trois.

Fraction, lorsqu'il ne comprend qu'une partie de l'unité, — Deux tiers.

Fractionnaire, quand il se compose d'un nombre entier plus une fraction, — Cinq unités neuf onzièmes.

La fraction prend aussi quelquefois le nom de nombre fractionnaire.

Donc,

1.º Le nombre entier et la fraction sont les éléments de tout nombre ;

2.º Le nombre entier se forme par l'addition successive l'unité à elle-même.

Mais comment obtenir la partie fractionnaire en fonction de l'unité ? — Cette partie et l'unité ont une commune mesure en non. — Si elles ont une commune mesure, elles contiennent chacune un certain nombre de fois cette unité.

Donc,

La fraction se compose d'un certain nombre de parties dont l'unité comprend un nombre déterminé, — Sept onzièmes de l'unité.

Si elles n'ont pas de commune mesure, la grandeur, ne pouvant alors qu'être approximativement déterminée en étendue, est incommensurable.

Le nombre exprimant l'étendue de la quantité incommensurable, est irrationnel.

II.

CARACTÈRES.

3. — *Numération*, — *Système de Numération*, — *Base*, — *Nature du système; — Numération parlée, — écrite.*

La Numération est l'art de représenter les nombres par des noms et par des chiffres, suivant un système.

De là trois parties dans la numération : le sysrème de numération, et deux sortes particulières de numération, la numération parlée et la numération écrite.

Tout système de numération a pour objet de déterminer des classes d'ordres d'unités coordonnées graduellement et uniformément suivant la base donnée.

La base est le nombre qui exprime la valeur de l'unité de tout ordre en fonction des unités de l'ordre immédiatement inférieur.

Le système est binaire,... duodécimal, suivant que la base est deux,... douze.

La numération parlée consiste à donner des noms aux nombres.

La numération écrite a pour but de représenter les nombres par des chiffres.

4. — *Combinaison des nombres ; — Composition, — Décomposition. — Opérations, — Caractères similaires et différentiels, — Propriétés.*

La composition et la décomposition sont les seules alternatives que présentent les grandeurs dans leur assemblage.

Composer un nombre, c'est faire la somme de plusieurs nombres donnés.

Ils sont inégaux ou égaux.

Inégaux, ils donnent lieu à l'Addition.

S'ils sont égaux, deux considérations suffisent pour la détermination de la somme, la valeur des termes et le mode de leur emploi ; tel est l'objet de la Multiplication.

Donc, dans son résultat, la multiplication n'est qu'un cas particulier de l'addition.

Décomposer un nombre, c'est déterminer ceux qu'il renferme.

Ils sont inégaux ou égaux.

Inégaux, si seulement deux d'entre eux sont inconnus, le problème est indéterminé. Qu'un seul donc soit inconnu, il sera équivalent à la somme des nombres connus et de l'inconnu, moins la somme des nombres connus.

La décomposition des nombres inégaux se réduit donc à la détermination de la différence de deux nombres, c'est la Soustraction.

S'ils sont égaux, il s'agit de la décomposition d'un nombre en parties égales d'une valeur ou d'un mode déterminé, c'est la Division.

Que la valeur soit donnée, on parviendra au résultat en la retranchant autant de fois que possible du nombre proposé.

La division revient donc à l'exécution d'une suite de soustractions.

Ainsi, d'une part,

Dans toute opération, comme tout et parties, les unités du résultat sont de même nature que celles des nombres dont il est formé.

D'autre part,

1.º Ajouter une quantité à une autre, c'est faire la somme de ces quantités ; diminuer une quantité d'une autre, c'est soustraire la première de la seconde : donc

Une quantité demeure constante par l'addition et la soustraction, tout à la fois, de la même quantité.

2.º Composer un nombre de plusieurs nombres égaux, c'est ajouter successivement un nombre à lui-même, ce nombre à la somme obtenue...; décomposer un nombre en plusieurs autres égaux, c'est retrancher successivement une quantité du nombre, la même quantité du reste...: la multiplication et la division sont donc les contraires l'une de l'autre. Donc,

Toute quantité multipliée et divisée à la fois par un même nombre, demeure constante.

L'Addition, la Soustraction, la Multiplication et la Division sont les quatre opérations fondamentales.

III.

5. — *Addition ; — Résultat, — Nature de ses unités.*

L'Addition a pour but de réunir plusieurs nombres en un seul.

Le résultat s'appelle Somme ou Total, ou Somme totale : — somme signifie ensemble, total, réunion; d'où somme totale signifie ensemble réuni.

La somme est donc concrète à l'espèce des nombres composants.

6. — *Soustraction ; — Résultat , — Valeur du plus grand des deux termes , — Caractère du plus petit , — Nature des unités du reste , — Ses diverses acceptions.*

La Soustraction consiste à retrancher un nombre d'un autre.

Le résultat de la soustraction est donc un Reste.

Donc :

1.º Le plus grand des deux termes d'une soustraction est égal à la somme du plus petit plus le reste.

Ainsi,

La soustraction a pour but, connaissant la somme de deux nombres et l'un d'eux, de déterminer l'autre.

Partie du plus grand, le reste est donc concret à son espèce.

2.º Le second dans son assemblage avec le premier est le terme négatif de l'assemblage.

3.º Le reste exprime tout à la fois l'excès du plus grand des deux nombres sur le plus petit, et leur différence.

7. — *Multiplication , — Termes , — Valeur du produit en fonction du multiplicande, — Nature de ses unités.*

La Multiplication a pour but de composer un nombre appélé Produit, avec un nombre nommé Multiplicande, comme un nombre appelé Multiplicateur se compose avec l'unité.

Donc,

Le multiplicande compose le produit, et le multiplicateur, par son rapport avec l'unité, est le modèle de la composition du produit avec le multiplicande. Ainsi le multiplicande et le multiplateur, dans leur concours, sont les Facteurs du produit, les coëfficients l'un de l'autre.

D'où il suit que le produit se compose,

Si le multiplicateur est entier, du multiplicande pris autant de fois qu'il y a d'unités dans le multiplicateur.

S'il est fraction, de la partie du multiplicande exprimée par la fraction;

S'il est fractionnaire, du multiplicande pris autant de fois qu'il y a d'unités dans la partie entière du multiplicateur, plus de la partie du multiplicande exprimée par la fraction.

Formé du multiplicande, le produit est donc composé des mêmes éléments que ce facteur et partant concret.

8. — *Le multiplicande et le multiplicateur s'intervertissent.*

Soient donnés deux facteurs quelconques 4 et 3.

$$4 = 1+1+1+1.$$

Donc $4 \times 3 = (1+1+1+1) \times 3$.

Mais le produit d'un nombre par un autre équivaut à la somme des produits de toutes les parties du premier par le second.

Donc $(1+1+1+1) \times 3 = 1 \times 3 + 1 \times 3 + 1 \times 3 + 1 \times 3$.

Or 1×3, c'est 3 fois 1 ou 3.

Donc $1 \times 3 + 1 \times 3 + 1 \times 3 + 1 \times 3 = 3+3+3+3$.

D'ailleurs $3+3+3+3$, c'est 4 fois 3 ou 3×4.

Donc $4 \times 3 = 3 \times 4$.

D'où il suit que — Un produit est tout à la fois soit le résultat de la multiplication d'un premier nombre par un second, soit celui de la multiplication d'un second par un premier

9. — *Multiplications successives,— Multiples,— Puissances,*
— Degré des puissances, — Carré, — Cube, — Exposant.

Les multiplications successives consistent dans la multiplication d'un premier facteur par un second, du produit résultant par un troisième, et ainsi de suite. — $A \times B \times C$.

On appelle Multiple d'un nombre le produit de ce nombre par un nombre entier quelconque. — $A \times 3$ est un multiple de A.

Donc — *Deux multiples consécutifs du même nombre diffèrent entre eux de ce nombre.*

Donc — *Il y a entre autant de nombres entiers moins un qu'il y a d'unités dans ce nombre.*

On nomme Puissance d'un nombre, le produit de plusieurs facteurs égaux à ce nombre. — $A \times A \times A \ldots$

Suivant qu'il se compose de deux, trois .. facteurs, il est à la deuxième, troisième... puissance.

La deuxième puissance d'un nombre se nomme Carré, la troisième, Cube.

Le degré de la puissance se nomme Exposant. — A^m.

IV.

10. — *Division, — Ses caractères, — Termes, — Valeur du quotient, — Double nature de ses unités.*

La Division a pour but, connaissant un produit appelé Dividende et l'un de ses facteurs nommé Diviseur, de déterminer l'autre facteur appelé Quotient.

Ainsi le diviseur et le quotient expriment chacun et réciproquement le multiplicande et le multiplicateur.

Donc,

1.º Que le diviseur exprime le multiplicande, le quotient exprimera le multiplicateur et le dividende se composera avec le diviseur comme le quotient se compose avec l'unité. — Le quotient déterminera donc alors le nombre de fois que le dividende contient le diviseur. — Ainsi, sous ce point de vue,

La division a pour but d'exprimer combien de fois un nombre en contient un autre.

2.º Que le diviseur désigne le multiplicateur, le quotient désignera le multiplicande, et le dividende se composera avec le quotient comme le diviseur se compose avec l'unité. — Donc le quotient sera ainsi l'une des parties du dividende dont le diviseur exprime le nombre.

Alors,

La division a pour but de décomposer un nombre en autant de parties égales qu'il y a d'unités dans un autre.

Donc, par suite, on obtiendra :

13 : 4 = 1 : 4 pris 13 fois.

Or 1 : 4, c'est 1 partie sur 4 de l'unité.

Donc 13 : 4 équivaut à 13 fois une partie sur 4 de l'unité ou partant à 13 parties sur 4 de l'unité.

13 et 4 étant d'ailleurs quelconques, on peut en conclure que — *Dans le concours de ses termes, la division est identique à la fraction.*

Dividende signifie somme à partager, diviseur, le nombre de partageants, quotient, quote-part ou part de chacun.

Considérant le diviseur comme multiplicande,

Si le dividende est plus grand que le diviseur, le quotient sera entier ou fractionnaire ;

Et si le dividende est plus petit, il sera fraction.

Concevant le multiplicande et le produit comme concrets,

Si le diviseur désigne le multiplicande, le quotient, n'exprimant comme multiplicateur que le modèle de la composition du dividende avec le diviseur, est abstrait ;

Si le diviseur exprime le multiplicateur, le quotient est

multiplicande, et, à ce titre, concret à la même espèce que le dividende.

11. — *Le quotient de deux nombres entiers est entier ou fractionnaire, — Nombre divisible, — Diviseur, — Nombre premier, — Nombres premiers entre eux, — Reste de la division, — Il est inférieur au diviseur, — Partie fraction du quotient, lorsqu'il est fractionnaire.*

Comparant les nombres compris entre deux multiples consécutifs d'un même nombre avec ces multiples, on reconnaîtra que ces nombres sont les produits du même multiplicande par des mulplicateurs supérieurs à celui du premier multiple et inférieurs à celui du second, lesquels ne diffèrent que d'une unité ; ces multiplicateurs se composent donc d'un nombre entier plus une partie de l'unité, et partant sont des nombres fractionnaires.

D'ailleurs, produit d'un nombre par un nombre entier, tout multiple d'un nombre divisé par ce nombre a nécessairement un nombre entier pour quotient.

Donc,

Qu'il s'agisse de la division de deux nombres entiers :

1.º Le quotient sera entier si le dividende est un multiple du diviseur.

Quand la division se fait exactement,

Le premier terme de la division, le dividende-multiple, est divisible par le second ;

Le second est diviseur, facteur, coëfficient, sous-multiple, ou partie aliquote du premier.

Le nombre qui n'a de facteurs que lui-même et l'unité est un nombre Premier.

Les nombres qui n'ont pour diviseur commun que l'unité sont premiers entre eux.

2.º Le quotient sera fractionnaire si le dividende est un nombre compris entre deux multiples consécutifs du même nombre, ayant ce nombre pour diviseur.

Quand le quotient est fractionnaire, le dividende peut être considéré comme comprenant deux parties, dont l'une est le produit du diviseur par la partie entière du quotient, l'autre, celui du diviseur par une fraction.

On appelle Reste la partie du dividende égale au produit du diviseur par une fraction.

Le reste est nécessairement inférieur au diviseur. — Car s'il était seulement égal au diviseur, il équivaudrait au produit du diviseur par l'unité.— Ce qui est absurde.

Or, les termes de la division sont identiques à ceux de la fraction; donc la partie du quotient qui multiplie le diviseur pour reproduire le reste est une fraction, dont le nombre de parties est le reste, et les parties que comprend l'unité, le diviseur.

12. — *Racine*, — *Indice*.

On appelle Racine n.ième d'un nombre, le nombre qui, élevé à la puissance n.ième, reproduit le nombre proposé.

Le degré de la racine à extraire est l'Indice de la racine.

Extraire la racine d'un nombre est une sorte particulière d'opération.

V.

PROPRIÉTÉS.

13. — *Quand on augmente — ou diminue — les deux termes d'une soustraction d'une même quantité, le reste est constant.*

Le plus grand des deux termes d'une soustraction est égal à la somme du plus petit plus le reste. — Donc si l'on augmente le plus grand des deux termes d'une soustraction d'une quantité, sa valeur devient égale à la somme du plus petit plus le reste, plus cette quantité. Mais le plus petit ne change pas. Donc il équivaut alors au plus petit plus le reste augmenté de cette quantité. — Maintenant, si l'on augmente le plus petit d'une quantité, le plus grand est égal au plus petit plus cette quantité, plus le reste diminué de cette quantité.

Ainsi en augmentant le plus grand d'une quantité, le reste est augmenté de cette quantité, et en augmentant le plus petit d'une quantité, le reste est diminué de cette quantité. Que la quantité soit la même de part et d'autre, le reste sera donc tout à la fois augmenté et diminué de la même quantité ; donc il ne sera pas changé.

On obtient la seconde partie en changeant les termes additifs en soustractifs.

14. — *Multiplier — ou diviser — un produit par un nombre, c'est multiplier — ou diviser — l'un des facteurs par ce nombre.*

Qu'il s'agisse d'un produit de deux facteurs.

4×3, c'est 3 fois 4 ; donc $(4 \times 3) 2$, c'est 2 fois 3 fois 4, et partant 4 pris 2 fois 3 fois.

D'ailleurs 2, 3 et 4 sont quelconques ;

Donc multiplier un produit par un nombre, c'est multiplier le multiplicateur par ce nombre, et comme le multiplicande et le multiplicateur s'intervertissent, multiplier l'un de ses facteurs par ce nombre.

Qu'il s'agisse d'un produit de plus de deux facteurs $A \times B \times C \times D$.

Avant d'effectuer par D, il a fallu former le produit $A \times B \times C$; donc $A \times B \times C \times D = (A \times B \times C) \times D$.

Mais quand on multiplie un produit de deux facteurs par un nombre, l'un d'eux est multiplié par ce nombre.

Ainsi A×B×C ou D est multiplié par ce nombre ; D est donc susceptible d'être multiplié par ce nombre.

Que le nombre multiple A×B×C. — A×B×C=(A×B)×C ; donc le nombre multiple A×B ou C. Ainsi C peut être multiplié par le nombre.

Que ce soit maintenant A×B multiplié par le nombre, l'un ou l'autre des facteurs A et B le sera à volonté.

Donc tous les facteurs A, B, C, D, sont susceptibles d'être multipliés par le nombre, et l'un d'eux l'est nécessairement.

Remplaçant les termes multiplicateurs par des termes diviseurs, la première partie devient la seconde.

Ainsi un produit multiplié — ou divisé — par un nombre, dans le résultat définitif, a pour composition la multiplication — ou la division — de l'un de ses facteurs par le nombre donné ; — Donc, —

Multiplier — ou diviser — le facteur d'un produit par un nombre, c'est multiplier — ou diviser — le produit par ce nombre.

15. — *Multiplier — ou diviser — un nombre par un produit, c'est le multiplier — ou le diviser — par les facteurs de ce produit.*

Soient proposés un nombre, 7, et un produit, (4×3×2), l'un et l'autre quelconques.

4×3×2, c'est 2 fois 3 fois 4 ; donc 7×(4×3×2), c'est prendre 2 fois 3 fois 4 fois 7, c'est donc 7×4×3×2.

En échangeant les multiplicateurs en diviseurs, on obtient la seconde partie.

Ainsi la multiplication — ou la division — d'un nombre par un produit a pour formation la multiplication — ou la division — d'un nombre par les facteurs de ce produit ; donc,

Multiplier — ou diviser — un nombre successivement par les facteurs d'un produit, c'est le multiplier — ou le diviser — par leur produit.

16. — *Dans toute multiplication on peut intervertir l'ordre des facteurs.*

Soit donné le produit des facteurs A, B, C, D. Tout facteur D obtient une place quelconque.

Que l'on ait A×B×C×D. (1)

Avant d'effectuer par D, on a dû obtenir A×B×C ; donc A×B×C×D=(A×B×C)×D.

Or le multiplicande et le multiplicateur s'intervertissent ; donc (A×B×C)×D=D×(A×B×C).

Mais multiplier un nombre par un produit, c'est effectuer par les facteurs ; donc D×(A×B×C)=D×A×B×C. (2)

D'ailleurs comme le multiplicande et le multiplicateur s'intervertissent, D×A=A×D ; donc D×A×B×C=A× D×B×C. (3)

2.*

Semblablement $A \times D \times B = (A \times D) \times B = B \times (A \times D) = B \times A \times D$; donc $A \times D \times B \times C = B \times A \times D \times C$. (4)

Toute place étant accessible à chaque facteur, tout arrangement entre eux est possible.

17. — *Elever un produit à une puissance, c'est élever chacun de ses facteurs à cette puissance.*

Soit $(A \times B \times C)^3$ le produit donné.

$(A \times B \times C)^3 = (A \times B \times C) \times (A \times B \times C) \times (A \times B \times C)$.

Or, multiplier un nombre par un produit, c'est le multiplier par ses facteurs, et le produit ne change pas en intervertissant l'ordre de ses facteurs ; donc successivement $(A \times B \times C) \times (A \times B \times C) \times (A \times B \times C) = (A \times B \times C) \times A \times B \times C \times A \times B \times C = A \times B \times C \times A \times B \times C \times (A \times B \times C) = A \times B \times C \times A \times B \times C \times A \times B \times C = A \times A \times A \times B \times B \times B \times C \times C \times C = A^3 \times B^3 \times C^3$.

Donc — Un produit à une puissance se compose de facteurs pris autant de fois qu'il y a d'unités dans le degré de la puissance. — Et par suite,

Elever les facteurs d'un produit à une puissance, c'est élever le produit à cette puissance.

18. — *Multiplier — ou diviser — un dividende par une quantité, c'est multiplier — ou diviser — le quotient par cette quantité, si le diviseur ne change pas.*

Le dividende est un produit dont le diviseur et le quotient sont les deux facteurs. Or, quand on multiplie—ou divise—un produit par un nombre, l'un des facteurs est multiplié—ou divisé — par ce nombre. Mais le diviseur reste constant ; donc le quotient est multiplié — ou divisé — par le nombre.

19 — *Multiplier — ou diviser — un diviseur par un nombre, c'est diviser — ou multiplier — le quotient par ce nombre, le dividende ne changeant pas.*

Le diviseur et le quotient sont les facteurs du produit dividende. Or, quand on multiplie — ou divise — un facteur par un nombre, le produit est multiplié — ou divisé — par ce nombre. Donc, si on multiplie — ou divise — le diviseur par un nombre, le dividende est multiplié—ou divisé — par ce nombre. Mais le dividende ne doit pas changer, et il est multiplié — ou divisé — par un nombre ; donc pour qu'il y ait compensation, il le faut diviser — ou multiplier — par ce nombre. Or, quand un produit est multiplié — ou divisé — par un nombre, l'un des facteurs supporte la même opération. Donc en divisant — ou multipliant — le dividende par une quantité, le quotient est divisé — ou multiplié — par cette quantité.

20. — *Quand on multiplie — ou divise — le dividende et le diviseur par une même quantité,*

　　1.º *Le quotient est constant,*
　　2.º *Le reste est multiplié — ou divisé — par ce nombre.*

　1.º En multipliant — ou divisant — le dividende par un nombre, le quotient est multiplié — ou divisé — par ce nombre. En multipliant — ou divisant — le diviseur par un nombre, le quotient est divisé — ou multiplié — par ce nombre. Donc dans l'opération dont il s'agit, le quotient est divisé et multiplié — ou réciproquement — tout à la fois par une même quantité ; donc il ne change pas.

　2.º Le dividende se compose du produit du diviseur par la partie entière du quotient et de celui du diviseur par la partie fraction.

　Donc en multipliant — ou divisant — le dividende par un nombre, les deux parties sont multipliées — ou divisées — par ce nombre. Or, l'opération de la division des deux nombres est abandonnée lorsqu'il s'agit du reste ; donc le diviseur n'a aucune action sur le reste : donc le reste est multiplié — ou divisé — par le nombre.

21. — *Extraire la racine d'un nombre, c'est extraire la racine de chacun de ses facteurs.*

Soit $a \times b \times c$, le nombre donné.

Tout nombre est égal au produit de sa racine carrée par elle même.

Donc, $a = (\sqrt{a})^2$, $b = (\sqrt{b})^2$, et $c = (\sqrt{c})^2$.

Donc, $a \times b \times c = (\sqrt{a})^2 \times (\sqrt{b})^2 \times (\sqrt{c})^2$.

Or, multiplier un nombre par un produit, c'est le multiplier par les facteurs de ce produit, et le produit n'est pas changé en intervertissant l'ordre des facteurs.

Donc d'abord $(\sqrt{a})^2 \times (\sqrt{b})^2 \times (\sqrt{c})^2 = (\sqrt{a})^2 \times \sqrt{b} \times \sqrt{b} \times \sqrt{c} \times \sqrt{c}$, puis $(\sqrt{a})^2 \times \sqrt{b} \times \sqrt{b} \times \sqrt{c} \times \sqrt{c} = \sqrt{b} \times \sqrt{b} \times \sqrt{c} \times \sqrt{c} \times (\sqrt{a})^2$, ensuite $\sqrt{b} \times \sqrt{b} \times \sqrt{c} \times \sqrt{c} \times (\sqrt{a})^2 = \sqrt{b} \times \sqrt{b} \times \sqrt{c} \times \sqrt{c} \times \sqrt{a} \times \sqrt{a}$, enfin $\sqrt{b} \times \sqrt{b} \times \sqrt{c} \times \sqrt{c} \times \sqrt{a} \times \sqrt{a} = \sqrt{a} \times \sqrt{b} \times \sqrt{c} \times \sqrt{a} \times \sqrt{b} \times \sqrt{c}$.

Mais multiplier un nombre par les facteurs d'un produit, c'est le multiplier par le produit.

Donc $\sqrt{a} \times \sqrt{b} \times \sqrt{c} \times \sqrt{a} \times \sqrt{b} \times \sqrt{c} = (\sqrt{a} \times \sqrt{b} \times \sqrt{c}) \times (\sqrt{a} \times \sqrt{b} \times \sqrt{c})$.

D'ailleurs multiplier un nombre par lui-même, c'est l'élever au carré.

Donc $(\sqrt{a} \times \sqrt{b} \times \sqrt{c}) \times (\sqrt{a} \times \sqrt{b} \times \sqrt{c}) = (\sqrt{a} \times \sqrt{b} \times \sqrt{c})^2.$

Donc $a \times b \times c = (\sqrt{a} \times \sqrt{b} \times \sqrt{c})^2.$

Or, deux quantités égales ont leurs racines semblables égales

Donc, $\sqrt{a \times b \times c} = \sqrt{a} \times \sqrt{b} \times \sqrt{c}.$

Il en serait de même pour toute autre racine.

Donc dans l'extraction des racines, il y a semblable composition pour les facteurs que pour le nombre.

D'où il suit que :

Extraire la racine des facteurs d'un nombre, c'est extraire la racine du nombre.

EXERCICES :

Démontrer directement les réciproques.

Substituer les fractions aux nombres entiers dans les démonstrations.

NOMBRES ENTIERS.

NUMÉRATION.

VI.

EXPOSITION DU SYSTÈME DÉCIMAL.

22. — *Base,* — *Principe fondamental ;* — *Composition des ordres,* — *des classes ;* — *Unités principales.* — *Termes génériques.*

Soit dix la base.

Dix unités d'un ordre quelconque forment l'unité de l'ordre immédiatement supérieur.

D'où,

Chaque ordre nécessite neuf dénominations : Un, Deux, Trois, Quatre, Cinq, Six, Sept, Huit, Neuf, valant, un, l'unité ; deux, une unité plus l'unité..., neuf, huit unités plus une unité.

Or, chaque classe, pour facilité d'élocution, comprend trois ordres : des Unités, des Dizaines, des Centaines, de valeur, l'unité, une unité, la dizaine, neuf unités plus une, ou dix ; la centaine, neuf dizaines plus une dizaine, ou cent.

D'ailleurs les classes sont infinies ; ce sont les Unités, les Mille, les Millions...

Les noms des termes composant les ordres, des ordres eux-mêmes et des classes sont donc génériques.

NUMÉRATION PARLÉE.

23. — *Noms des unités, — dizaines, — centaines, — des unités, — mille, — millions, — .., Dés nombres compris, — exceptions.*

Or, un, deux.., neuf, placés devant unité, dizaine, centaine, composent tout ordre : une, deux.., neuf unités, dizaines, centaines ;

Et l'énumération de toutes leurs parties devant unité, mille, million..., forment toute classe :

Une, deux.., neuf unités, dizaines, centaines d'unités, mille, million...

Mais entre deux dizaines, centaines, mille... consécutifs, il y a successivement neuf, neuf dizaines neuf, neuf centaines neuf dizaines neuf nombres. Partant, si, à la suite du nom de chaque dizaine, centaine, mille, ... on place respectivement les noms des neuf, neuf dizaines neuf, neuf centaines neuf dizaines neuf premiers nombres, on obtiendra les noms de tous les nombres compris entre les dizaines, centaines, mille... consécutifs :

Dix-un..., neuf dizaines neuf ; cent-un..., neuf centaines neuf dizaines neuf ; mille un..., 9 c. 9 d. 9 m. 9 c. 9 d. 9.,...

Toutefois, le nom d'Unité comme classe s'élimine à volonté, et au lieu de deux, trois..., neuf dizaines, on dit vingt, trente, quarante, cinquante, soixante, soixante-dix, quatrevingts, quatre-vingt-dix ;

De dix-un..., dix-six, onze, douze, treize, quatorze, quinze, seize ; comme aussi à la suite de la septième et de la neuvième dizaine.

Tels sont les noms de tous les nombres.

NUMÉRATION ÉCRITE.

24. — *Représenter la valeur de tout ordre ; — Ordonner la nature des ordres (Principe fondamental de la numération écrite), — des classes ; — Valeur des chiffres significatifs.*

Or, un..., neuf, se représentent par 1, 2, 3, 4, 5, 6, 7, 8, 9.

D'ailleurs, tout chiffre placé à la gauche d'un autre désigne des unités de l'ordre immédiatement supérieur,

Et comme le 0 (zéro) tient lieu des ordres manquants,

La valeur et la nature de tout ordre sont déterminées, et par suite, les classes formées de droite à gauche, de trois en trois rangs.

D'où les chiffres expriment tout nombre.

La valeur d'un chiffre indépendamment de tout ordre déterminé est absolue, celle qu'il acquiert en désignant la nature des unités de l'ordre est relative.

EXERCICES :

Exposer la numération dans un système quelconque.
Passage d'un nombre d'un système dans un autre.

PROPRIÉTÉS.

25. — *Tout nombre sera multiplié ou divisé par 10, 100, 1000... en déplaçant chacun des chiffres qui le composent d'un, deux, trois... rangs vers la droite ou vers la gauche.*

Déplaçant chacun des chiffres de un, deux, trois... rangs, les unités, dizaines, centaines... sont changées en ordres 10, 100, 1000... fois plus grands ou plus petits.

Ainsi chaque partie du nombre devient 10, 100, 1000... fois plus grande ou plus petite ; donc les nombres résultants sont 10, 100, 1000... fois plus grands ou plus petits que le premier.

26. — *Lorsque le facteur d'un produit est terminé par un, deux, trois... zéros, si on le considère indépendamment de ces zéros, le produit est un nombre exact de dizaines, de centaines, de mille...*

Que le facteur dont il s'agit soit terminé par deux zéros.

Démonstration générale. — Retranchant les zéros, le facteur est divisé par 100 ; donc le produit l'est pareillement. Donc pour le rendre à sa juste valeur, il le faut multiplier par 100. Donc il exprime un nombre exact de centaines.

Démonstrations particulières. — Considérons le facteur proposé comme multiplicande.

Terminé par deux zéros, il exprime un nombre exact de centaines. Or, comme tout et partie, le produit et le multiplicande ont leurs unités de la même nature. Donc le produit exprimera un nombre exact de centaines.

Soit maintenant un multiplicateur le facteur donné.

Prenons 452×300.

Démonstrations directes. — 1.º 300, c'est 3 fois 100 ; donc 300 fois 452 revient à 3 fois 100 fois 452. Mais 100 fois $452 = 45200$, terminé par deux zéros ; donc 3 fois 100 fois 452 valent $45200 \times 3 = 135600$, nombre exact de centaines comme produit d'un multiplicande suivi de deux zéros.

2.º 300 nombres égaux chacun à 452 forment 100 groupes de 3 fois 452. Or un groupe vaut $452 \times 3 = 1356$. Donc les 100 groupes équivaudront à $1356 \times 100 = 135600$.

Démonstration par les principes. — $300 = 3 \times 100$. Or multiplier un nombre par un produit, c'est le multiplier par les facteurs de ce produit ; donc $452 \times 300 = 452 \times 3 \times 100$.

27. — *Le produit de deux facteurs contient de chiffres au plus autant qu'il y en a dans les facteurs et au moins autant moins un.*

Tout autre produit de sept chiffres que 9999×999, — produit plus grand possible quant au nombre des chiffres, moindre que 9999×1000=9999000, qui n'en contient que sept, autant qu'il s'en trouve dans les deux facteurs primitifs, — ne saurait en posséder un plus grand nombre.

Tout autre produit de sept chiffres que 1000×100=100000, — plus petit possible quant au nombre des chiffres, n'en contient que six, autant qu'il s'en trouve moins un dans les deux facteurs, — ne saurait en contenir moins.

OPÉRATIONS.

VII.

ADDITION.

28. — *Faire la somme des nombres 34, 295, 706.*

4+5=9 ; 9+6=15 unités, dont 5 unités, et 1 dizaine : 1+3=4 ; 4+9=13 ; 13+0=13 dizaines, dont 3 dizaines et 1 centaine : 1+2=3 ; 3+7=10 centaines, dont 0 centaine et 1 mille.

1035, contenant toutes les parties des nombres proposés convenablement assemblées, est la somme demandée.

SOUSTRACTION.

29. — *Retrancher 27 de 45. — Méthode des emprunts, — des compensations; — Complément arithmétique; — Conséquence.*

Méthode des emprunts. — 5—7 est impossible. Or 4 dizaines =3+1 dizaines ; 1 dizaine ou 10+5=15 ; 15—7=8 unités.

Mais 4—1=3 ; et 3—2=1 dizaine.

Méthode des compensations. — 5—7 est impossible ; mais 10+5=15 et 15—7=8 unités.

Or, 45 est augmenté d'une dizaine, par compensation 27 doit l'être.

2+1=3 dizaines et 4—3=1 dizaine.

18 étant le reste de toutes les parties de 27 prises sur 45, est le nombre demandé.

La différence d'un nombre à l'unité immédiatement plus grande que les plus élevées qu'il renferme est le Complément arithmétique de ce nombre.

1000—325=675 est le complément arithmétique de 325.

Donc, si dans la soustraction de deux nombres le complément arithmétique du plus petit est ajouté au plus grand, ce dernier surpassera le reste du plus petit plus le complément, c'est-à-dire de l'unité qui a produit le complément : — 100 —32=68 ; et 825+68=893 ; donc 893—100=825—32 ou 793.

MULTIPLICATION.

30. — *Multiplier 345 par 48. — Exposition, 1.er, 2e... produit partiel, — produit total, — Table de multiplication.*

48=40+8 ; donc 345×48=345×(40+8).

Ainsi 345×48 contient deux produits partiels.

345=300+40+5 ; donc 345×8= (300+40+5) ×8.

Or 5×8=40 unités, dont 0 unité et 4 dizaines.

4 dizaines ×8=32 dizaines ; et 32×4=36 dizaines, dont 6 dizaines et 3 centaines.

3 centaines ×8=24 centaines ; et 24+3=27 centaines, dont 7 centaines et 2 mille.

Ainsi 345×8=2760.

345×40 est un produit par un facteur suivi d'un zéro ; donc 345×4^d=1380 dizaines.

Ainsi 345×40=13800.

Donc 345×48=2760+13800=16560.

— Or, la multiplication de deux nombres se réduit à celle des nombres simples deux à deux.

La multiplication des nombres simples deux à deux est l'objet de la table de multiplication.

Soient présentés, suivant un ordre donné, les produits des neuf premiers nombres, chacun par chacun, la question sera résolue.

Mais alors viendront, d'une part, $a×b$, d'autre part, $b×a$, et comme le multiplicande et le multiplicateur s'intervertissent, les produits de l'un par l'autre seront doubles, de sorte que les multiples successifs de a seront déterminés soit par la colonne commençant par a comme multiplicande soumis alternativement à chaque multiplicateur, soit par la colonne ayant pour origine a comme multiplicateur dans son parcourt un à un avec les nombres proposés, à l'exception des carrés qui, ne pouvant arriver qu'une fois, constituent l'intersection des colonnes semblablement formées.

Le produit de deux nombres sera donc le terme correspondant, soit dans l'une, soit dans l'autre des colonnes, auquel ils concourent comme facteurs.

TABLE DE PYTHAGORE.

1	2	3	4	5	6	7	8	9
2	4	6	8	10	12	14	16	18
3	6	9	12	15	18	21	24	27
4	8	12	16	20	24	28	32	36
5	10	15	20	25	30	35	40	45
6	12	18	24	30	36	42	48	54
7	14	21	28	35	42	49	56	63
8	16	24	32	40	48	56	64	72
9	18	27	36	45	54	63	72	81

DIVISION.

31. — *Diviser 198072 par 524. — Exposition, — 1.er dividende partiel. — Le premier divedende partiel divisé par le diviseur donne les plus hautes unités du quotient.* —

Obtenir le chiffre du quotient. — Nouveau dividende partiel. — Suite. — Détermination directe du chiffre du quotient.

Diviser 198072 par 524 , c'est déterminer un nombre qui concourt avec 524, comme facteurs, à reproduire 198072. $524 \times 1000 = 524000 > 198072$: donc il ne saurait y avoir de mille au quotient.

$524 \times 100 = 52400 < 198072$: donc il y aura un chiffre c de centaines au quotient.

$524 \times c$ est un nombre exact de centaines : donc on ne trouvera ce produit que dans les 1980 centaines de 198072.

1980 contient donc $524 \times c$.

Contenant $524 \times c$, 1980 : 524 ne donnera pas un chiffre $< c$.

198072 : 524 produit c; donc 1980 centaines (< 198072) : 524 ne saurait procurer un chiffre $> c$.

Donc 1980 : 524 donne c.

Les 5 centaines de 524 multipliées par c donnent un produit exact de centaines : donc $5 \times c$ ne se rencontrera que dans les 19 centaines de 1980.

19 contient donc $5 \times c$; donc 19 : 5 ne donnera pas un chiffre $< c$.

Considérant 19 comme un produit dont 5 est le multiplicande, le nombre de fois que 19 contient 5 exprime le quotient de la division de 19 par 5.

En 19 combien de fois 5 ? — 3 seulement; car $5 \times 3 = 15 < 19$, et $5 \times 4 = 20 > 19$.

Donc 3 n'est pas $< c$.

$523 \times 2 = 1572 < 1980$ de 408; donc 3 n'est pas $> c$.

Donc 3 est le chiffre des centaines du quotient.

$524 \times 10 = 5240 < 40872$; donc il y aura un chiffre d de dizaines au quotient.

$524 \times d$ est un nombre exact de dizaines; donc on ne trouvera ce produit que dans les 4087 dizaines de 40872.

4087 contient donc $524 \times d$.

Contenant $524 \times d$, 4087 : 524 ne donnera pas un chiffre $< d$.

40872 : 524 produit d; donc 4087 dizaines (< 40872) : 524 ne saurait procurer un chiffre $> d$.

Donc 4087 : 524 donne d.

Les 5 centaines de 524, $\times d$ donnent un produit exact de centaines; donc $5 \times c$ ne se rencontrera que dans les 40 centaines de 4087.

40 contient donc $5 \times d$; donc 40 : 5 ne donnera pas un chiffre $< d$.

Considérant 40 comme un produit dont 5 est le multiplicande, le nombre de fois que 40 contient 5 exprime le quotient de la division de 40 par 5.

3.

En 40 combien de fois 5 ? — 8; car 5×8=40.

Donc 8 n'est pas $<d$.

524×8=4192>4087 ; donc 8 est $>d$; donc il ne peut surpasser 8—1=7.

524×7=3668<4087 de 419 ; donc 7 n'est pas $>d$.

Donc 7 est le chiffre des dizaines du quotient.

524×1=524<4192; donc il y aura un chiffre u d'unités au quotient.

Les 5 centaines du diviseur, ×u donnent un produit exact de centaines ; donc 5×u ne se rencontrera que dans les 41 centaines de 4192

41 contient donc 5×u ; donc 41 : u ne donnera pas un chiffre $<u$.

Considérant 41 comme un produit dont 5 est le multiplicande , le nombre de fois que 41 contient 5 exprime le quotient de la division de 41 par 5.

En 41 combien de fois 5 ? — 8 seulement; car 5×8=40 <41, et 5×9=45$>$41.

Donc 8 n'est pas $<u$.

524×8=4192 , somme identique au dividende partiel ; donc 8 n'est pas $>u$.

D'ailleurs le dividende 198072 est épuisé.

Le quotient est donc exactement 300+70+8=378.

Chaque chiffre du quotient est un des nombres compris de 1 à 9 ; d'ailleurs tout dividende contient le produit du diviseur par le quotient, et comme le reste ne saurait être égal au diviseur, ce produit est le plus grand possible. Donc, le multiple le plus grand du diviseur contenu dans le dividende exprime, par le degré de la place qu'il occupe, le nombre de fois que le dividende y peut, le chiffre du quotient.

EXERCICES.

Effectuer les opérations sur les nombres exprimés dans un système dont la base est B.

DIVISIBILITÉ.

VIII.

PREMIERS PRINCIPES.

32. — *Un nombre qui en divise plusieurs divise leur somme et leur différence.*

Chacun des nombres divisibles contient un certain nombre entier de fois le nombre proposé ; donc la somme — ou la différence — de ces nombres se compose de l'ensemble — ou de la différence — de ces nombres de fois le nombre donné. Or, la somme — ou la différence — de plusieurs nombres entiers ne saurait être fractionnaire. Elle est donc un multiple des nombres proposés.

33. — *Un nombre qui en divise un autre divise son multiple.*

Un multiple d'un nombre est la somme de plusieurs nombres égaux à celui-ci. Alors, chacun d'eux, égal au nombre donné, est divisible par le nombre proposé. Donc leur somme l'est.

34. — *Deux nombres premiers entre eux étant donnés, si l'on compare par soustraction, d'abord ces deux nombres, puis le plus petit et le reste et ainsi de suite, après une série d'opérations on obtiendra l'unité pour reste définitif.*

Que l'on obtienne cette suite d'opérations : $A - B = R$, $B - R = R'$, $R - R' = R''$ et enfin $R' - R'' = R'''$; c'est qu'alors $R'' = R'''$, sans quoi la série de soustractions ne serait pas épuisée. — Or, le plus grand des deux termes d'une soustraction est égal à la somme du plus petit plus le reste; donc $R' = R'' + R''' = 2R'''$; $R = R' + R'' = 3R'''$; $B = R + R' = 5 R'''$; $A = B + R = 8 R'''$.

Mais $8 R'''$ et $5 R'''$ égaux l'un à A, l'autre à B, premiers entre eux, ne sauraient admettre de facteurs communs; donc $R''' = 1$.

35. — *Tout nombre qui en divise deux autres divise le reste de leur division.*

Soit $A = B \times Q + R$. Le nombre diviseur divise B, donc il divise $B \times Q$, son multiple. Mais il divise A; donc il divise R, différence de A et $B \times Q$.

36. — *Tout nombre qui divise le diviseur et le reste d'une division, divise le dividende.*

Soit $A = B \times Q + R$.
Il divise R et B et partant $B \times Q$ multiple de B; donc il divise A somme de $B \times Q$ et R.

37. — *Un produit étant décomposé de plusieurs manières en facteurs pris deux à deux, si l'on considère entre eux deux de ces assemblages, celui qui comprendra le plus grand facteur possédera nécessairement aussi le plus petit.*

Soit $A \times B = D \times C$; faisant $D > C$ et $A > D$, on aura $B < C$. Prenons $B = C$; comme d'ailleurs $A = D + N$, $A \times B$ contiendrait $D \times C + N \times C$, ce qui est absurde; à fortiori donc $B > C$, conduisant à $D \times C + N \times C + (C + N) (B - C)$, s'éloignerait-il de la vérité.

$B < C$ est donc seul possible.

IX.

NOMBRES PREMIERS.

38. — *Déterminer les nombres premiers.*

Crible d'Ératosthène. — Entre les produits d'un multiplicande par des multiplicateurs distincts d'une unité, il y a autant de nombre moins un qu'il y a d'unités dans le multiplicande, et ces nombres n'ont pas le multiplicande dont il s'agit pour diviseur.

Donc les produits de 2, 3, 4... par 1, 2, 3, 4... viennent dans la suite non interrompue des nombres de 2 en 2, de 3 en 3, de 4 en 4... et tout autre ne saurait être un produit.

Donc, si de la suite naturelle des nombres : 1, 2, 3, 4, 5, 6, 7, 8, 9, 10... on retranche,

A partir de 2, de deux en deux, les nombres : 4, 6, 8, 10, 12...
de 3, de trois en trois, les nombres : 6, 9, 12, 15...

les nombres restants : 1, 2, 3, 5, 7... sont nécessairement tous des nombres premiers et les seuls qu'il se puisse trouver.

39. — *Tout nombre ne peut être décomposé que dans un seul système de facteurs premiers.*

La proposition sera évidente si l'on prouve qu'un nombre décomposé en ses facteurs premiers ne peut admettre tout autre facteur premier que l'un de ceux-là.

Soit $A \times B \times C$ un nombre composé de tous facteurs premiers A, B, C. Supposons que $A \times B \times C$ puisse comprendre un facteur premier, D, différent de A, B, C.

On a $D <$ ou $> A$, et par suite $A = D \pm N$, d'où $A \times B \times C = (D \pm N) \times B \times C = D \times B \times C \pm N \times B \times C$.

D divise $A \times B \times C$; or, il divise $D \times B \times C$ dont il est facteur ; donc il divisera leur différence $N \times B \times C$.

Mais si ces deux derniers termes, composés l'un de D, l'autre de N et du facteur commun $B \times C$, sont tous deux divisibles par D, leur différence sera nécessairement une combinaison de D et N multipliée par BC divisible par D.

D'ailleurs, dans une nouvelle comparaison semblable, seule la combinaison de D et N est susceptible de changement et les éléments comme les propriétés sont constants.

Il y a donc continuité de moyens et de résultats.

Or D est premier, donc D et N ne sauraient avoir de facteurs communs, que dans le cas que N contienne un certain nombre de D ou lui soit égal.

Mais $A = D \pm N$, donc A se trouverait alors la somme ou la différence d'un certain nombre de D, donc il serait divisible par D ou le nombre, ce qui est contraire à l'hypothèse.

Donc D et N sont premiers entre eux.

Donc le reste définitif de leur système de soustractions sera l'unité.

Donc D divisera $1 \times B \times C$ ou $B \times C$.

On est conduit pareillement ensuite à poser que D divise

soit B, soit C ; or B et C sont premiers ; donc il ne se peut que D les divise l'un ou l'autre.

Il est également absurde de supposer que D soit un facteur premier de $A \times B \times C$ différent de A, B, C.

40. — *Décomposer un nombre en ses facteurs premiers.*

Soit 1400 le nombre proposé.

Connaissant un produit et l'un de ses facteurs, le quotient de leur division exprime l'autre facteur.

Donc si l'un des facteurs du nombre dont il s'agit était donné, en divisant ce nombre par le facteur connu, on obtiendrait au quotient un nombre contenant ses autres facteurs. — Or, ces facteurs sont inconnus, il y a donc nécessité de les choisir successivement parmi les nombres premiers.

1400 : 2=700 ; donc 2 est un facteur premier de 1400.

700 : 2=350 ; donc 2 est une seconde fois facteur premier du nombre proposé.

350 : 2=175 ; donc il y est une troisième fois.

Or, 175 n'est divisible ni par 2 ni par 3.

175 : 5=35 ; donc 5 est un nouveau facteur premier de 1400.

35 : 5=7 ; donc 5 l'est une seconde fois.

Mais 7 est premier.

Donc $1400 = 2^3 \times 5^2 \times 7$.

D'ailleurs, après une certaine série d'opérations, on arrivera toujours à un quotient exprimé par un nombre premier, sans quoi le nombre se composerait d'un nombre infini de facteurs et serait infini, condition qui ne saurait ici se rencontrer.

EXERCICES :

Démontrer qu'un nombre donné ne peut être décomposé que dans le seul système de ses facteurs premiers.

Décomposer tout nombre en ses facteurs premiers.

X.

DIVISEURS.

1. GÉNÉRALITÉS.

41. — Le dividende est le produit effectué du diviseur par le quotient, ses facteurs, qui l'exposent.

Donc,

1.º *Un nombre est divisible par un autre, lorsqu'il contient tous les facteurs premiers de cet autre, et à la puissance la plus élevée ;*

Et réciproquement,

Un nombre est diviseur d'un autre, lorsqu'il ne contient

pas de facteurs premiers différents de cet autre ou à des puis-
sances plus élevées :

2.º *Tout nombre qui divise un produit de deux facteurs*
et qui est premier avec l'un d'eux , divise nécessairement
l'autre :

3.º *Tout nombre premier qui divise un produit de plu-*
sieurs facteurs divise nécessairement l'un d'eux :

Sans quoi le même nombre, considéré d'une part comme
produit, de l'autre en ses facteurs, serait susceptible d'être
décomposé suivant deux systèmes de facteurs premiers.

42. — *Le nombre premier qui divise une puissance d'un*
nombre, divise ce nombre.

$A^m = A \times A \times A$... Or P est premier et il divise $A \times A \times A$...
Mais tout nombre premier qui divise un produit, divise
l'un des facteurs de ce produit ; donc P divise A.

43. — *Lorsque deux nombres sont premiers entre eux, leurs*
puissances sont premières entre elles.

Si les puissances n'étaient pas premières entre elles, elles
auraient au moins un facteur commun et par suite au moins
aussi un facteur premier commun. Mais tout nombre premier qui divise une puissance d'un nombre, divise ce nombre. Donc les deux nombres proposés auraient ce facteur
premier commun pour diviseur, et ils ne seraient point premiers entre eux.

44. — *Lorsqu'un nombre est divisible par plusieurs nombres*
premiers entre eux, il l'est par leur produit.

Le produit de plusieurs nombres ne saurait contenir d'autres facteurs premiers que les nombres qui le composent
comme facteurs, sans quoi il arriverait que le même nombre se décomposerait de deux manières différentes en facteurs premiers.

D'ailleurs, les nombres proposés sont premiers entre eux,
donc ils n'ont point de facteurs communs ; donc il ne saurait y avoir cumul des mêmes facteurs au produit. Or, le
nombre proposé est divisible par chacun des nombres donnés ; donc il comprend tous les facteurs premiers qui les
composent. — Donc il est divisible par leur produit.

45. — *Former tous les diviseurs d'un nombre.*

Soit 9450 le nombre proposé.
Or $9450 = 2 \times 3^3 \times 5^2 \times 7$. Donc il est divisible par chacun de
ces facteurs, ou donc,

Par 2.
Par les puissances 3, 3^2, 3^3 de 3 jusqu'à 3^3 ou 3, 9, 27.
Par celles, 5, 5^2 de 5 jusqu'au 5^2 ou 5, 25.
Et par 7.

Or, 2, 3, 5, 7 sont premiers, donc leurs puissances sont premières entre elles. Donc 9450 est divisible par leurs produits,

Deux à deux, $2\times3, 2\times3^2, 2\times3^3$ . . . . ou 6, 18, 54.
$\qquad\qquad 2\times5, 2\times5^2, 2\times7$ . . . . . 10, 50, 14.
$\qquad\qquad 3\times5, 3\times5^2, 3\times7$ . . . . . 15, 75, 21.
$\qquad\qquad 3^2\times5, 3^2\times5^2, 3^2\times7$ . . . . 45, 225, 63.
$\qquad\qquad 3^3\times5, 3^3\times5^2, 3^3\times7$ . . . 135, 1675, 189,
$\qquad\qquad 5\times7, 5^2\times7$ 35, 175,
Trois à trois, $2\times3\times5, 2\times3^2\times5, 2\times3^3\times5$, ou 50, 90, 270.
$\qquad\qquad 2\times3\times5^2, 2\times3^2\times5^2, 2\times3^3\times5^2$. 150, 450, 1350.
$\qquad\qquad 2\times3\times7, 2\times3^2\times7, 2\times3^3\times7$ . . 42, 126, 378.
$\qquad\qquad 2\times5\times7, 2\times5^2\times7$ 70, 350,
$\qquad\qquad 3\times5\times7, 3\times5^2\times7$ 205, 525,
$\qquad\qquad 3^2\times5\times7, 3^2\times5^2\times7$ 345, 1575,
$\qquad\qquad 3^3\times5\times7, 3^3\times5^2\times7$ 945, 4725,
Quatre à quatre, $2\times3\times5\times7, 2\times3^2\times5\times7$, ou 240, 630, 1890.
$\qquad\qquad 2\times3\times5^2\times7, 2\times3^2\times5^2\times7$, 1050, 3150, 9450.

D'ailleurs comme 9450 n'admet pas d'autres facteurs premiers que 2, 3, 5, 7, on ne saurait y rencontrer d'autre diviseur, sinon l'unité.

46. — *Le nombre total des diviseurs d'un nombre (en y comprenant ce nombre et l'unité) est égal au produit des exposants de ses facteurs premiers augmentés chacun d'une unité.*

Les diviseurs de $N = A^p \times B^q \times C^r$ se composent de toutes les puissances
de A jusqu'à la $p^{\text{ième}}$ ou p,
de B . . . $q^{\text{ième}}$ ou q,
de C . . . $r^{\text{ième}}$ ou r;
Et des produits de ces puissances,
deux à deux,
de A jusqu'à la $p^{\text{ième}}$ par B jusqu'à la $q^{\text{ième}}$ ou $p\times q$,
de A . . . $p^{\text{ième}}$ . . C . . . $r^{\text{ième}}$ . . $p\times r$,
de B . . . $q^{\text{ième}}$ . . C . . . $r^{\text{ième}}$ . . $q\times r$;
trois à trois, de A jusqu'à la $p^{\text{ième}}$ puissance par B jusqu'à la $q^{\text{ième}}$, par C jusqu'à la $r^{\text{ième}}$ ou pqr;
Plus l'unité.

Donc la somme des diviseurs de N est $p+q+r+pq+pr+qr+pqr+1$
Or, $1+r = 1\times(r+1)$,
$p+q+(pr+qr) = (p+q)\times(r+1)$,
$pq+pqr = pq\times(r+1)$;
Donc $p+q+r+pq+pr+qr+pqr+1 = (1+p+q+pq)\times(r+1)$.
Mais $1+q = 1(q+1)$;
$p+pq = p\times(q+1)$;
Donc $1+p+q+pq = (p+1)\times(q+1)$;
Donc N contient de diviseurs $(p+1)\times(q+1)\times(r+1)$.

47. — *Composition du plus grand commun diviseur de plusieurs nombres ; — Si l'on multiplie ou divise l'un d'eux par un facteur, premier avec un des autres, leur plus grand commun diviseur n'est pas changé.*

Diviseur de chacun des nombres proposés, le plus grand commun diviseur ne saurait contenir d'autres facteurs premiers que ceux qui sont communs dans ces nombres ; plus grand des diviseurs, il contiendra les facteurs à la puissance la plus élevée comprise dans chacun d'eux.

Donc ,

1.º *Le plus grand commun diviseur de plusieurs nombres est le produit de tous leurs facteurs premiers communs, affectés chacun du plus petit exposant qu'il a dans ces nombres.*

2.º Comme alors on n'ajoute ni ne supprime de facteurs communs, si l'on multiplie ou divise l'un d'eux par un facteur premier avec un des autres, leur plus grand commun diviseur n'est pas altéré.

48. — *Déterminer le plus grand commun diviseur de plusieurs nombres.*

Soient 1500, 2500 et 7000 les nombres donnés.

Le plus grand commun diviseur de plusieurs nombres est le produit de tous les facteurs premiers communs, affectés chacun du plus petit exposant qu'il a dans ces nombres.

Or $1500 = 2^2 \times 3 \times 5^3$; $2500 = 2^2 \times 5^4$; $7000 = 2^3 \times 5^3 \times 7$.

Donc $2^2 \times 5^2$, $= 500$, est l'expression du plus grand commun diviseur demandé.

49. — *Composition du plus petit nombre divisible à la fois par plusieurs nombres donnés.*

Divisible, il faut qu'il contienne tous les facteurs premiers des nombres proposés , à la puissance la plus élevée de chacun d'eux ; plus petit nombre divisible, il ne peut admettre le cumul des puissances du même facteur employé dans les divers nombres. Donc — *Le plus petit nombre divisible à la fois par plusieurs se compose du produit de tous leurs facteurs premiers différents , à la puissance la plus élevée qu'ils comprennent dans ces nombres.*

50. — *Déterminer le plus petit nombre divisible à la fois par plusieurs nombres donnés.*

Soient 18 et 45 les nombres proposés.

Le plus petit nombre divisible à la fois par plusieurs, est le produit de tous les facteurs premiers différents , à la puissance la plus élevée qu'ils comprennent dans ces nombres.

Or, $18 = 2 \times 3^2$, et $45 = 3^2 \times 5$.

Donc $2\times3^2\times5,=90$, est le plus petit nombre à la fois divisible par 18 et 45.

EXERCICES :

Démontrer les trois premiers principes isolément.
Déterminer tous les diviseurs communs à plusieurs nombres.

XI.

II. — PARTICULARITÉS.

51. — *Tout nombre est divisible par 2, lorsqu'il est terminé par 0, 2, 4, 6, 8.*

Or, 2, 4, 6, 8, 10, comme 1.er, 2.e, 3.e, 4.e, 5.e, produit de 2 dans la suite naturelle des nombres sont divisibles par 2.

Donc la partie des unités de tout nombre terminé par 2, 4, 6, 8 est divisible par 2, et la partie des dizaines, comme multiple de 10, l'est également. Donc leur somme doit l'être.

Tout nombre divisible par 2 est **Pair**, celui qui ne l'est pas est **Impair**.

Or, les multiples de 2 viennent de deux en deux dans la suite naturelle des nombres ; donc —

Tout nombre impair est égal à un nombre pair ± 1.

Semblablement,

Tout nombre est divisible par 2^2, 3^2... 5, 5^2, 5^3... — lorsque l'ensemble des — 2, 3...— des 1, 2, 3... derniers chiffres à la droite du nombre l'est.

52. — *Tout nombre est divisible par 3, quand la somme de ses chiffres, considérés comme représentant des unités simples, est divisible par 3.*

L'unité d'un ordre quelconque se compose d'une suite de 9, plus l'unité ; donc un certain nombre d'unités d'ordres quelconques comprendront ce certain nombre de fois l'ensemble des multiples de 9, nouveau multiple de 9, plus ce même nombre d'unités.

Or $9=3^2$, comme 3.e produit de 3 dans la suite naturelle des nombres ; donc 9 est divisible par 3 ; donc un multiple quelconque de 9 l'est pareillement.— Si donc l'ensemble des chiffres d'un nombre, considérés comme représentant des unités simples, est divisible par 3, le nombre proposé sera un composé de multiples de 3 ; donc il sera divisible par 3.

Semblablement,

Un nombre est divisible par 9, quand la somme de ses chiffres, considérés comme représentant des unités simples, est elle-même divisible par 9.

53. — *Un nombre est divisible par 6, lorsqu'il est pair et divisible par 3.*

Pair et divisible par 3, il contient les facteurs 2 et 3 ; or

2 et 3 sont premiers entre eux ; donc il sera divisible par leur produit 6.

Semblablement,

Un nombre est divisible par 18, lorsqu'il est pair et divisible par 9.

Et par suite,

Un nombre est divisible par 12 ou par 36, lorsque l'ensemble des deux derniers chiffres, considérés dans leur valeur relative, est divisible par 4 et la somme de ses chiffres divisible par 3 ou par 9.

54. — *Tout nombre est divisible par 11, lorsque la différence entre la somme des chiffres de rang impair, et la somme des chiffres de rang pair, comptés à partir de la droite, est un multiple de 11.*

L'unité d'un ordre quelconque se compose d'une suite de 9, plus une unité. D'ailleurs cette suite de 9 sera inférieure quant au nombre des chiffres, d'un, à celle des chiffres du nombre exprimé par l'unité suivie de 0 : car celui-ci est le plus petit possible dans son espèce, et celui-là, qui vient en valeur immédiatement après, le plus grand.

Donc l'unité d'un ordre quelconque est une suite de 9 en nombre pair, plus l'unité si elle est du rang impair, ou + neuf + 1, si elle est du rang pair.

Donc toute unité contient une certaine quantité de tranches de 99, d'une part, + 1, de l'autre, + 9 + 1 ou 10.

Or, chaque tranche de $99 = 11 \times 9$, comme 9.e produit de 11 dans la suite naturelle des nombres, est divisible par 11. Donc l'ensemble des tranches, multiple de 99, l'est aussi.

Donc divisées par 11, l'unité de rang impair donne 1 pour reste, et celle du rang pair 10 ; donc cette dernière sera divisible par 11 en l'augmentant d'une unité.

Donc, comme multiple, tant d'unités que l'on voudra de rang impair ou pair pour être divisibles par 11, devront être diminuées ou augmentées du même nombre d'unités.

Donc un nombre étant donné, si l'on fait la somme de ses chiffres de rang impair, d'une part, et celle de ses chiffres de rang pair, de l'autre, leur différence exprimera soit le reste de la division du nombre proposé par 11, soit le complément qu'il faut ajouter pour rendre la division possible, le reste, si la somme des chiffres de rang impair est supérieure, le complément, dans le cas contraire.

Or, la différence égale à 0 ou 11, est la négation de tout reste et de tout complément ; car avec 0 ou 11 toutes les parties sont divisibles par 11, et partant le nombre proposé lui-même.

Semblablement,

En déterminant que dans la suite successive et indéfinie

de la division de l'unité de tout ordre par un nombre donné les restes viennent par collections semblables ;

Que les chiffres de ces collections deux à deux pris l'un dans une première partie, l'autre dans une seconde et de pareil ordre dans ce partage, constituent en somme le diviseur, et que par suite donc il y a en trop au premier ce qu'il manque au second pour arriver au diviseur ;

Comme d'ailleurs l'unité d'un ordre quelconque donnant un reste, un certain nombre d'unités égales auront pour reste celui-ci multiplié par le nombre :

Il adviendra que par un système de compensation qu'il sera toujours possible d'exercer entre les divers ordres d'unités d'une collection et partant entre toutes les collections semblables, on pourra

Obtenir les caractères de divisibilité de tout nombre par un nombre donné.

C'est ainsi que,

Comme 1, 10, 100..., : 17, donnent pour collection, 1, 3, 2, 6, 4, 5,

Dont les compartiments sont 1, 3, 2, d'une part, et 6, 4, 5, de l'autre,

Soumis aux termes de compensation, 1, 3, 2, en trop et en moins dans leurs chiffres pris denx à deux,

Pour 42 876 953 246 235 : 7, l'on a successivement :

Collections,

246235, 876953, 000 042,

Dont les compartiments semblables sont,

Les 1.ers, 235, 953, 042, les 2.es, 246, 876,

Qui considérés dans leurs unités analogues deviennent,

Ceux-là, 11, 12, 10, ceux-ci, 10, 11, 12,

Suivant lesquels on arrive à

$$(1\times10(=10)+3\times12(=36)+22\times11(=22)=68) - (1\times12$$
$$(=12)+3\times11(=33)+2\times10(=20)=65)= 3 \text{ pour reste de la di-}$$
vision de 42 876 953 246 235 : 7.

XII.

55.—*Le reste que l'on trouve en divisant par une quantité le produit de deux nombres est égal à celui qu'on obtient en divisant par cette quantité le produit des deux restes que donne la division des nombres proposés par ce même diviseur.*

Tout nombre peut être considéré comme le multiple d'un autre nombre augmenté d'une quantité. Soient donc $A\times N+P$ et $B\times N+Q$ les nombres proposés.

Tout produit se compose de toutes les parties du multiplicande multipliées par toutes les parties du multiplicateur.

Donc $(A\times N+P)\times(B\times N+Q)=(A\times N)\times(B\times N)+P\times(B\times N)+(A\times N)\times Q+P\times Q.$

Le produit est donc l'ensemble de trois multiples de N,

plus du produit de P$\times$Q qui ne l'est pas. Donc en divisant le produit de A$\times$N+P par B$\times$N+Q, on obtiendra pour reste P$\times$Q, le produit des deux restes que l'on trouve en divisant les deux facteurs A$\times$N+P et B$\times$N+Q par N.

56.— *Un nombre est premier, lorsqu'il n'est divisible par aucun des facteurs inférieurs à sa racine carrée.*

Qu'il soit possible de rencontrer un facteur A$>$R d'un nombre donné sans qu'il s'en puisse trouver d'inférieur à sa racine carrée. Tout facteur A suppose un facteur B, concourant au produit R². Or, deux assemblages du même produit étant donnés, celui qui comprend le plus grand facteur renferme aussi le plus petit. Donc B serait inférieur à R, ce qui est contraire à l'hypothèse.

A$>$R dans ces conditions est donc absurde.

57.— *Le plus grand commun diviseur de deux nombres est le même que celui qui existe entre le plus petit de ces nombres et le reste de leur division.*

Soient A et B les deux nombres et R le reste de leur division.

Tout diviseur de A et B divise R ; donc il ne peut surpasser le plus grand commun diviseur de B et R :

Tout diviseur de B et R divise A ; donc il ne peut surpasser le plus grand commun diviseur de A et B.

Donc le plus grand commun diviseur de A et B et de B et R ne sauraient mutuellement se surpasser.

58. — *Déterminer le plus grand commun diviseur de deux nombres.*

Soient 60 et 27, les nombres proposés.

Le plus grand commun diviseur de 60 et 27 divise 27, donc il ne peut le surpasser. 27 sera donc le plus grand commun diviseur demandé pourvu qu'il divise 60.

60:27=2 et il reste 6 ; donc 27 n'est pas le plus grand commun diviseur demandé.

Or le plus grand commun diviseur de deux nombres est le même que celui qui existe entre le plus petit de ces deux nombres et le reste de leur division.

Donc le plus grand commun diviseur de 27 et 6 est le même que celui de 60 et 27.

Semblablement,

27:6=4 et il reste 3, et le plus grand commun diviseur de 6 et 3 est le même que celui de 27 et 6.

6:3=2 et il reste 0 ; donc 3 est le plus grand commun diviseur de 6 et 3 et par suite de 6 et 27 et enfin de 27 et 60.

59.—*Tout nombre qui en divise deux autres divise leur plus grand commun diviseur.*

Pour obtenir le plus grand commun diviseur de deux nombres, on divise le plus grand par le plus petit, puis le plus petit par le reste et ainsi de suite jusqu'à ce qu'on soit parvenu à un reste diviseur du précédent.

Donc le plus grand commun diviseur de deux nombres, s'il n'est pas le plus petit nombre est un des restes successifs.

Or tout nombre qui en divise deux autres divise le reste de leur division.

Mais le nombre dont il s'agit divise les deux nombres proposés, donc il divise le reste de leur division ; divisant le plus petit et le reste , il divise aussi le reste de la division de ces nombres ; et ainsi de suite, il divise tous les restes et partant le plus grand commun diviseur des deux nombres donnés.

60. — *Déterminer le plus grand commun diviseur de plusieurs nombres.*

Soient 462 , 210 , 66 et 15 , les nombres donnés.

Le plus grand commun diviseur de 462 , 210 , 66 et 15 , divise 462 et 210 ; donc il divise leur plus grand commun diviseur 42. Or il divise 66 , donc il divise le plus grand commun diviseur 6 , de 66 et 42.

Mais il divise 15 ; donc il divise aussi 3 , plus grand commun diviseur de 6 et 15.

Donc 3 sera le plus grand commun diviseur cherché s'il divise 15 , 66 , 210 et 462.

Plus grand commun diviseur de 15 et 6 , il divise 15 et 6 et partant 66 et 42 multiples de 6 , 210 et 462 multiples de 42.

Donc 3 est le plus grand commun diviseur des nombres proposés.

FRACTIONS.

XIII.

CARACTÈRES ET PROPRIÉTÉS.

61. — *Caractère de la Fraction. — Ses termes. — Formes particulières de l'unité. — Numération parlée, — écrite.*

La fraction se compose d'un certain nombre de parties dont l'unité comprend un nombre déterminé : — L'ensemble de 3 parties sur 4 de l'unité est une fraction. — Or , 3 parties sur 4 de l'unité valent 3 fois une partie sur 4 de l'unité. Mais une partie sur 4 de l'unité a pour valeur la 4.ᵉ partie de l'unité ; donc 3 fois une partie sur 4 de l'unité valent 3 fois la 4.ᵉ partie de l'unité, ou la 4.ᵉ partie de trois unités ou donc 3:4.

Les deux termes de la fraction sont donc identiques, le premier au dividende , le second au diviseur de la division de l'un par l'autre.

Ainsi la fraction s'exprime par deux nombres entiers : le Numérateur et le Dénominateur.

Le Numérateur indique de combien de parties la fraction se compose ;

4.

Le Dénominateur, en combien de parties l'unité est divisée.

Numérateur signifie nombre composant, dénominateur, désignation.

L'expression d'un numérateur et d'un dénominateur égaux n'est donc qu'une forme particulière de l'unité.

Donc,

1.º La fraction est exprimée par l'énonciation du numérateur, puis du dénominateur, considérés comme des nombres entiers, en faisant suivre ce dernier de la terminaison *ième*, qui lui acquiert son caractère de désignateur. — La fraction 12 sur 17 de l'unité, s'énonce, douze dix-septièmes.

Les dénominateurs 2, 3, 4 ont pour dénominations respectives — demi, tiers, quart.

2.º Toute fraction sera représentée en chiffres par l'expression des deux nombres entiers désignant, le premier, le numérateur, le second, le dénominateur de la fraction, en les séparant par un trait pour les rendre distincts. — La fraction douze dix-septièmes s'écrira, — 12/17.

62. — Considérant,

D'une part, que le numérateur est l'expression de la valeur de la fraction, il advient que

De deux fractions ayant même dénominateur, la plus grande — ou la plus petite — est celle qui a le plus grand — ou le plus petit — numérateur ;

D'autre part, que le dénominateur indiquant la division de l'unité en parties d'égale grandeur, donne lieu inversement à des parties plus grandes ou plus petites, suivant qu'il est plus petit ou plus grand.

D'où il suit que

De deux fractions ayant même numérateur, la plus grande — ou la plus petite — est celle dont le dénominateur est le plus petit — ou le plus grand.

63. — *Si l'on multiplie — ou divise — le numérateur par un nombre, la fraction est multipliée — ou divisée — par ce nombre.*

Car multiplier — ou diviser — le numérateur d'une fraction par 3, c'est prendre 3 fois le nombre des parties qu'elle renferme — ou le tiers de ce nombre.

D'ailleurs on peut substituer tout autre nombre à 3.

Si l'on multiplie — ou divise — le dénominateur par un nombre, la fraction est divisée — ou multipliée — par ce nombre.

Multiplier le dénominateur d'une fraction par 3, c'est prendre 3 fois le nombre des parties dont se compose l'unité pour reconstituer de nouveau l'unité ; donc l'unité comprend alors 3 fois ce nombre de parties ; donc une des dernières parties vaut le 1/3 de l'une des premières ; donc l'ensemble des parties que renferme la fraction n'est plus que le 1/3 de ce qu'il était.

Or, 3 est quelconque, la propriété est donc générale.

Semblablement s'obtient la seconde partie par le changement des termes multiplicateurs et diviseurs en leurs contraires.

On ne change pas la valeur d'une fraction en multipliant — ou divisant — ses deux termes par un même nombre.

En multipliant — ou divisant — le numérateur par un nombre, la fraction est multipliée — ou divisée — par ce nombre; en multipliant — ou divisant — le dénominateur par la même quantité, elle est divisée — ou multipliée — par cette quantité: il y a donc compensation.

Ces trois propriétés sont analogues aux trois semblables énumérées sur les termes de la division.

64. — *On augmente — ou diminue — une fraction, en augmentant — ou diminuant — ses deux termes d'une même quantité.*

$\dfrac{7}{11}$ et $\dfrac{7+2}{11+2}$, comparées à l'unité, donnent pour différence,

la première $\dfrac{11}{11} - \dfrac{7}{11} = \dfrac{11-7}{11}$, la seconde $\dfrac{11+2}{11+2} - \dfrac{7+2}{11+2} =$

$\dfrac{(11+2)-(7+2)}{11+2}$, qui sont des fractions ayant pour numérateurs $11-7$ et $(11+2)-(7+2)$ égaux entre eux comme résultats de la soustraction de deux termes augmentés — ou diminués — et non de la même quantité 2, et pour dénominateurs, l'une 11, l'autre ce même dénominateur 11, augmenté — ou diminué — de la même quantité 2 : donc l'unité est divisée en plus — ou en moins — de parties dans la seconde différence que dans la première ; donc les parties sont plus petites — ou plus grandes — dans celle-là que dans celle-ci ; donc, comme elles ont le même numérateur, la première $\dfrac{7}{11}$ est plus grande — ou plus petite — que la seconde $\dfrac{7+2}{11+2}$.

Donc il faut ajouter une plus grande — ou une plus petite — quantité à la fraction $\dfrac{7}{11}$ qu'à la fraction $\dfrac{7+2}{11+2}$ pour obtenir l'unité ; d'où l'on obtient enfin $\dfrac{7+2}{11+2} > $ ou $< \dfrac{7}{11}$.

7, 11, 2 étant quelconques, la propriété est évidente pour toute fraction.

Semblablement,

On diminue — ou augmente — une expression fractionnaire, > que l'unité, en augmentant — ou diminuant — ses deux termes d'une même quantité.

EXERCICES :

Démontrer les secondes parties des propositions.

XIV.

TRANSFORMATIONS DES FRACTIONS.

65. — *Lorsque les deux termes d'une fraction sont premiers entre eux,*

    1.° *Les deux termes de toute fraction qui lui est équivalente sont des équimultiples des termes de celle-là ;*
    2.° *Elle est irréductible. — Fraction irréductible.*

1.° Soit $\frac{a}{b}$ une fraction dont les termes a et b sont premiers entre eux, et $\frac{a'}{b'}$ une fraction équivalente à la première.

De $\frac{a}{b} = \frac{a'}{b'}$ on obtient $\frac{ab'}{b} = a'$, en les multipliant l'une et l'autre par b'.

D'ailleurs a' est un nombre entier ; donc $\frac{ab'}{b}$, qui lui est égal, est un nombre entier ; donc ab' est divisible par b. Mais b est premier avec a ; donc il divise b'.

Or b' contenant un certain nombre de b, a' comprend un pareil nombre de a, sans quoi, en multipliant a et b de $\frac{a}{b}$ par la même quantité on obtiendrait $\frac{a'+n}{b'} = \frac{a}{b}, = \frac{a'}{b'}$, ou la partie égale au tout.

2.° Si toute fraction $\frac{a'}{b'} \left(= \frac{a}{b} \right)$ a pour termes des équimultiples de a et b, $\frac{a}{b}$ est nécessairement irréductible.

On appelle fraction irréductible celle qui ne saurait être exprimée en termes plus simples.
Deux fractions irréductibles égales sont identiques.

Si elles n'étaient pas identiques, l'une surpasserait l'autre dans ses termes, qui, partant, équimultiples des termes de celle-ci, contiendraient alors au moins un facteur commun et ne seraient point premiers entre eux.

66. — *Réduire une fraction à sa plus simple expression.*

Réduire une fraction à sa plus simple expression, c'est déterminer une fraction irréductible équivalente à la fraction proposée.

Or, une fraction est irréductible, lorsque ses termes, premiers entre eux, ne comprennent pas de facteurs communs.

Mais le plus grand commun diviseur de plusieurs nombres

est le produit de tous les facteurs premiers communs compris dans ces nombres.

Donc, si l'on divise les deux termes d'une fraction,

Soit par leur plus grand commun diviseur : $\dfrac{15}{24}=\dfrac{3\times 5}{3\times 2^{3}}=\dfrac{3\times 5\;:\;3}{3\times 2^{3}\;:\;3}=\dfrac{5}{2^{3}}$;

Soit par les nombres premiers successivement, jusqu'à ce que la chose soit possible pour chacun d'eux : $\dfrac{24}{36}=\dfrac{24:2}{36:2}=\dfrac{12}{18}=\dfrac{12:2}{18:2}=\dfrac{6}{9}=\dfrac{6:3}{9:3}=\dfrac{2}{3}$;

La fraction résultante — $\dfrac{5}{8}$ ou $\dfrac{2}{3}$ — sera irréductible.

67.—*Convertir une fraction en fraction continue.*—*Fraction continue. — Son objet. — Réciproquement, convertir une fraction continue en fraction ordinaire. — Réduites. — Expression des quantités incommensurables. — Conséquence.*

1.º Soit $\dfrac{32}{45}$ la fraction à rendre en fraction continue.

La division des deux termes d'une fraction par une quantité n'en change pas la valeur.

On obtiendra donc successivement :

$$\frac{32}{45}=\cfrac{1}{\cfrac{45}{32}}=\cfrac{1}{1+\cfrac{13}{32}}=\cfrac{1}{1+\cfrac{1}{\cfrac{32}{13}}}=\cfrac{1}{1+\cfrac{1}{2+\cfrac{6}{13}}}=\cfrac{1}{1+\cfrac{1}{2+\cfrac{1}{\cfrac{13}{6}}}}=\cfrac{1}{1+\cfrac{1}{2+\cfrac{1}{2+\cfrac{1}{6}}}}$$

Et cette dernière est une fraction continue.

Donc,

La fraction continue est une expression qui a pour numérateur l'unité et pour dénominateur un nombre entier, plus une fraction ayant pour numérateur l'unité, et pour dénominateur un nombre entier, plus une fraction de composition analogue, et ainsi de suite.

Or, $\cfrac{1}{1+\cfrac{13}{32}}$ exprime le rapport de 32 et 45 ; $\cfrac{1}{2+\cfrac{6}{13}}$, celui de 13 (ou 45—32) et 32. . .

Ainsi la fraction continue est l'image fidèle comme l'objet de la comparaison de deux grandeurs dans la recherche de leur commune mesure, et présente la valeur approximative de toute grandeur en fonction de l'unité donnée à tous degrés de l'opération, et d'autant plus rapprochée—ou moins—que les degrés sont éloignés—ou proches—du point de départ.

La grandeur incommensurable donne naissance à la fraction continue infinie.

4.*

2.° Soit maintenant la fraction $\cfrac{1}{1+\cfrac{1}{2+\cfrac{1}{2+\cfrac{1}{6}}}}$ que l'on se propose de transformer en fraction ordinaire.

La multiplication des deux termes d'une fraction par une quantité, n'est que la dénomination d'une forme particulière de cette fraction.

Ainsi s'obtiennent successivement :

$$\cfrac{1}{1+\cfrac{1}{2+\cfrac{1}{2+\cfrac{1}{6}}}} = \cfrac{1}{1+\cfrac{1}{2+\cfrac{1}{\frac{13}{6}}}} = \cfrac{1}{1+\cfrac{1}{2+\frac{6}{13}}} = \cfrac{1}{1+\cfrac{1}{\frac{32}{13}}} = \cfrac{1}{1+\frac{13}{32}} = \cfrac{1}{\frac{45}{32}} = \frac{32}{45}$$

La fraction ordinaire équivalente à une portion de fraction continue totale prise à partir de l'origine de cette fraction, s'appelle Réduite.

Elle se nomme encore Fraction convergente, parce qu'on approche de plus en plus du nombre réduit en fraction continue, en raison de la quantité plus grande que l'on prend de fractions intégrantes.

On appelle Fractions intégrantes les fractions $\frac{1}{1}, \frac{1}{2} \ldots$ dont l'ensemble constitue la fraction continue.

Toute grandeur incommensurable considérée dans un degré suffisant d'approximation, est donc exprimée par un nombre rationnel. Les propriétés sont donc communes aux nombres, qu'ils soient rationnels, qu'ils soient irrationnels.

68. — *Convertir une fraction en fraction d'une espèce donnée : valeur de la fraction résultante. — La réduction se fait exactement ou non. — Valeur de la fraction résultante quand la réduction n'est qu'approximative.*

Comme somme de parties égales $\frac{a}{b} = \frac{1}{b} \times a$. — Or, $\frac{b}{b} = \frac{c}{c}$; donc $\frac{1}{b} = \frac{c}{c} : b$. — Mais une fraction est divisée par un nombre par la division de son numérateur par ce nombre; donc $\frac{c}{c} : b = \frac{c : b}{c}$. — Donc $\frac{1}{b} = \frac{c : b}{c}$. — Donc $\frac{a}{b} = \frac{c : b}{c} \times a$. — Or, la fraction est multipliée par un nombre en multipliant son numérateur par ce nombre; donc $\frac{c : b}{c} \times a = \frac{(c : b) \times a}{c}$. Donc $\frac{a}{b} = \frac{(c : b) \times a}{c}$. — D'ailleurs multiplier $c : b$ par a, c'est multiplier un quotient par a. — Mais multiplier un facteur par

un nombre c'est multiplier le produit par ce nombre.
Donc, $\dfrac{(c:b)\times a}{c}=\dfrac{(c\times a):b}{c}$.

Donc,

La fraction résultante a pour numérateur de produit du dénominateur cherché par le numérateur de la fraction proposée divisé par son dénominateur, et pour dénominateur le nombre désignant l'espèce dont il s'agit.

Mais $(c\times a):b$ est entier ou fractionnaire, suivant que $c\times a$ contient ou non tous les facteurs premiers de b.—Donc,

— Toute fraction sera exactement réductible ou non en fraction d'une espèce donnée, suivant que le produit du nombre qui exprime l'espèce demandée par le numérateur de la fraction, contiendra ou non tous les facteurs premiers du dénominateur de cette fraction.

Donc, comme tout produit peut se considérer dans ses facteurs, la détermination de l'alternative de la réduction exacte ou non se réduit à trouver si le nombre désignant l'espèce demandée et le numérateur de la fraction proposée sont ou non complémentaires dans le partage des facteurs premiers du dénominateur.

Qu'elle ne soit pas exactement réductible, $(c\times a):b$ aura une partie entière inférieure au numérateur de la fraction demandée, et cette partie +1 sera supérieure à ce numérateur.

Donc, — la fraction qui n'est pas exactement réductible en fraction d'une espèce donnée est comprise entre celle qui a pour numérateur la partie entière et la partie entière +1 du quotient — de la division du produit qui a pour facteur le nombre qui exprime l'espèce donnée et le numérateur de la fraction, par le dénominateur de cette faction, — affectées, chacune, du dénominateur demandé.

Comme les termes de la fraction et ceux de la division sont identiques, on peut semblablement —

Obtenir le quotient de la division de deux nombres entiers à moins d'une unité fractionnaire donnée.

D'ailleurs, en divisant un dividende par un nombre, le quotient est divisé par ce nombre. Or, tout dividende égal au diviseur a pour quotient l'unité; donc un tel dividende divisé par 2 a pour quotient $\dfrac{1}{2}$; donc, dans la division d'un nombre entier par un autre, si l'on arrive à un reste égal à la moitié du diviseur, le quotient est obtenu à $\dfrac{1}{2}$ unité près, s'il est inférieur, à moins de $\dfrac{1}{2}$ unité, et s'il est supérieur, $q+1$ exprimera encore cette approximation.

69. — *Réduire des fractions au même dénominateur—par la*

méthode générale; — avec le plus petit dénominateur possible. — Simplification. — Fractions résultantes.

Réduire des fractions au même dénominateur, c'est former des fractions qui aient toutes le même dénominateur et qui soient respectivement équivalentes aux fractions proposées.

Or, pour qu'une fraction soit réductible en fraction d'une espèce donnée, il faut que le produit du dénominateur proposé par le numérateur de cette fraction contienne tous les facteurs premiers de son dénominateur. Donc, pour que plusieurs fractions soient réductibles en fractions d'une espèce quelconque, mais la même pour toutes, il faut et il suffit que le dénominateur commun renferme tous les facteurs premiers différents des dénominateurs qui ne se trouvent pas dans leurs numérateurs respectifs.

Tout nombre donc qui contient ces facteurs est un dénominateur qui satisfait à la question.

D'ailleurs, toute fraction résultante a pour numérateur le produit du dénominateur cherché par le numérateur de la fraction, divisé par le dénominateur, et pour dénominateur le nombre qui désigne l'espèce donnée.

Donc, soient $\frac{3}{4}$, $\frac{5}{6}$, $\frac{4}{12}$ les fractions proposées,

1.° $4 \times 6 \times 12 = 288$, composé des dénominateurs 4, 6 et 12 comme facteurs, et partant multiple de chacune d'eux, contient tous les facteurs premiers qu'ils renferment : 288 est donc un dénominateur commun demandé.

Et les fractions données prises en 288.es de l'unité seront :

$$\frac{3}{4} = \frac{(288 \times 3) : 4}{288} = \frac{213}{288}; \frac{5}{6} = \frac{(288 \times 5) : 6}{288} = \frac{240}{288}; \text{ et } \frac{4}{12} = \frac{(288 \times 4) : 12}{288} = \frac{96}{288}.$$

2.° Comme 3 et 4 sont premiers entre eux, et que $4 = 2^2$;

Que 5 et 6 le sont aussi, et que $6 = 3 \times 2$ et 2 étant contenu dans $2^2 = 2 \times 2$;

Que 4 $(= 2^2)$ et 12 $(= 3 \times 2^2)$, ayant 2^2 de commun, et 3 étant renfermé dans 3×2;

On obtient $2^2 \times 3 = 12$ pour produit des facteurs premiers différents des dénominateurs qui ne se rencontrent pas dans leurs numérateurs respectifs.

12 est donc le plus petit dénominateur commun des fractions dont il s'agit.

Ainsi, $\frac{3}{4} = \frac{(12 \times 3) : 4}{12} = \frac{3^2}{12} = \frac{9}{12}$; $\frac{5}{6} = \frac{(12 \times 5) : 6}{12} = \frac{2 \times 5}{12} = \frac{10}{12}$; $\frac{4}{12} = \frac{(12 \times 4) : 12}{12} = \frac{4}{12}$.

Or, par la composition de 288 et 12 et des numérateurs cherchés, il arrive que le dénominateur de chaque fraction se trouve employé tout à la fois comme multiplicateur et diviseur dans ces numérateurs et qu'ainsi les fractions résultantes reviennent d'une part à $\dfrac{3}{4}=\dfrac{3\times6\times12}{4\times6\times12}=\dfrac{213}{288}$; $\dfrac{5}{6}=\dfrac{5\times4\times12}{6\times4\times12}=\dfrac{240}{288}$; $\dfrac{4}{12}=\dfrac{4\times4\times6}{12\times4\times6}=\dfrac{96}{288}$; d'autre part à $\dfrac{3}{4}=\dfrac{3^2}{12}=\dfrac{9}{12}$; $\dfrac{5}{6}=\dfrac{2\times5}{12}=\dfrac{10}{12}$; $\dfrac{4}{12}$.

Si dans chacune de ces transformations nous considérons les fractions résultantes dans leur composition, nous pourrons constater qu'elles sont formées de la multiplication des deux termes des fractions proposées par des quantités respectivement égales, et que les dénominateurs sont composés des mêmes facteurs seulement présentés dans des ordres différents.

EXERCICES.

Développer la fraction continue sur deux quantités incommensurables.

XV.

OPÉRATIONS.

70. — *Additionner entre elles des fractions.*

Soient $\dfrac{3}{4}$, $\dfrac{5}{7}$ et $\dfrac{15}{36}$, les facteurs proposés.

Rendant ces fractions au même dénominateur, on obtient :
$$\dfrac{3}{4}=\dfrac{189}{252}; \quad \dfrac{5}{7}=\dfrac{180}{252} \quad \text{et} \quad \dfrac{15}{36}=\dfrac{105}{252}.$$

Donc $\dfrac{3}{4}+\dfrac{5}{7}+\dfrac{15}{36}=\dfrac{189}{252}+\dfrac{180}{252}+\dfrac{105}{252}=\dfrac{189+180+105}{252}=\dfrac{474}{252}=\dfrac{137}{42}.$

Soustraire une fraction d'une autre fraction.

Soit donné à évaluer $\dfrac{3}{4}-\dfrac{2}{3}$.

Rendant ces fractions à la même espèce, on trouve :
$\dfrac{3}{4}=\dfrac{9}{12}$ et $\dfrac{2}{3}=\dfrac{8}{12}$. — Donc $\dfrac{3}{4}-\dfrac{2}{3}=\dfrac{9}{12}-\dfrac{8}{12}=\dfrac{9-8}{12}=\dfrac{1}{12}.$

71. — *Multiplier une fraction par une fraction.*

Soit proposé d'effectuer $\dfrac{3}{4}\times\dfrac{5}{6}$.

Directement.

Le produit se compose avec le multiplicande comme le

multiplicateur avec l'unité. Or, $\frac{5}{6}$ c'est 5 fois le $\frac{1}{6}$ de l'unité ; donc le produit équivaut à 5 fois le $\frac{1}{6}$ de $\frac{3}{4}$. —

Le $\frac{1}{6}$ de $\frac{3}{4}$ est égal à $\frac{3}{4} : 6$. — Mais la division d'une fraction par un nombre revient à effectuer la multiplication du dénominateur de la fraction par ce nombre ; donc $\frac{3}{4} : 6 = \frac{3}{4\times 6}$. — Le $\frac{1}{6}$ de $\frac{3}{4}$ est donc équivalent à $\frac{3}{4\times 6}$.

Donc 5 fois le $\frac{1}{6}$ de $\frac{3}{4}$ reviennent à 5 fois $\frac{3}{4\times 6}$ ou $\frac{3}{4\times 6} \times 5$.

D'ailleurs la multiplication d'une fraction par un nombre s'obtient par celle du numérateur de la fraction par ce nombre ; donc $\frac{3}{4\times 6} \times 5 = \frac{3\times 5}{4\times 6}$.

Donc 5 fois le $\frac{1}{6}$ de $\frac{3}{4}$ est égal à $\frac{3\times 5}{4\times 6}$.

Or, 5 fois le $\frac{1}{6}$ de $\frac{3}{4}$ est l'expression de la valeur du produit demandé.

Donc $\frac{3}{4} \times \frac{5}{6} = \frac{3\times 5}{4\times 6}$.

Par les principes.

Comme produit multiplié par 6 dans le multiplicateur et rendu à sa valeur dans la division de ce résultat par le même nombre $\frac{3}{4} \times \frac{5}{6} = \left(\frac{3}{4} \times 5 \right) : 6$.

Or, la multiplication d'une fraction par un nombre revient à effectuer celle du numérateur de la fraction par ce nombre ; donc $\frac{3}{4} \times 5 = \frac{3\times 5}{4}$.

Donc $\left(\frac{3}{4} \times 5 \right) : 6 = \frac{3\times 5}{4} : 6$.

Mais diviser une fraction par un nombre consiste à former le produit du dénominateur de la fraction par ce nombre ; donc $\frac{3\times 5}{4} : 6 = \frac{3\times 5}{4\times 6}$. Donc $\frac{3}{4} \times \frac{5}{6} = \frac{3\times 5}{5\times 6}$.

La multiplication de deux fractions entre elles a donc pour objet leur multiplication terme à terme.

D'où il suit que — *Intervertir l'ordre des facteurs s'étendrait aux fractions, par le fait de l'emploi de cette propriété aux nombres entiers.*

72. — *Diviser une fraction par une fraction.*

Soit $\frac{3}{4} : \frac{5}{6}$ la division proposée.

Directement.

Considérant $\frac{3}{4}$ et $\frac{5}{6}$ l'un comme produit, l'autre comme facteur, $\frac{5}{6}$ se compose de l'unité semblablement à $\frac{3}{4}$ avec le quotient. — Or, $\frac{5}{6}$ valent 5 fois le $\frac{1}{6}$ de l'unité, donc $\frac{3}{4}$ contiennent les $\frac{5}{6}$ du quotient.

Le $\frac{1}{6}$ du quotient est donc $\frac{3}{4} : 5$.

Mais la division d'une fraction par un nombre, revient à multiplier le dénominateur de la fraction par ce nombre ; donc $\frac{3}{4} : 5 = \frac{3}{4 \times 5}$. Le $\frac{1}{6}$ du quotient équivaut donc à $\frac{3}{4 \times 5}$.

Donc le quotient lui-même dans ses $\frac{6}{6}$ est égal à $\frac{3}{4 \times 5} \times 6$.

Mais multiplier une fraction par un nombre, revient à multiplier le numérateur de la fraction par ce nombre ; donc $\frac{3}{4 \times 5} \times 6 = \frac{3 \times 6}{4 \times 5}$. Donc $\frac{3}{4} : \frac{5}{6} = \frac{3 \times 6}{4 \times 5}$.

Par les principes.

Comme quotient divisé par 6 dans le diviseur, et rendu à sa valeur dans la multiplication de ce résultat par le même nombre, $\frac{3}{4} : \frac{5}{6} = \left(\frac{3}{4} : 5\right) \times 6$.

Or, la division d'une fraction par un nombre consiste à effectuer la multiplication du dénominateur de la fraction par ce nombre ; donc $\frac{3}{4} : 5 = \frac{3}{4 \times 5}$ Donc $\left(\frac{3}{4} : 5\right) \times 6 = \frac{3}{4 \times 5} \times 6$.

Mais multiplier une fraction par un nombre, a pour but la multiplication du numérateur de la fraction par ce nombre, donc $\frac{3}{4 \times 5} \times 6 = \frac{3 \times 6}{4 \times 5}$. Donc $\frac{3}{4} : \frac{5}{6} = \frac{3 \times 6}{4 \times 5}$.

Ainsi, la division de deux fractions revient à multiplier terme à terme la fraction dividende, par la fraction diviseur renversée.

FRACTION DE FRACTIONS.

73. — *La Multiplication d'un nombre quelconque de fractions entre elles, considérée dans sa formation, est une fraction de fractions. — Fraction de fractions. — Elle est équivalente à une fraction.*

Soit $\frac{1}{2} \times \frac{4}{5} \times \frac{2}{3}$, la multiplication proposée. — $\frac{1}{2} \times \frac{4}{5} \times \frac{2}{3}$ équivaut à 2 fois le $\frac{1}{3}$ de 4 fois le $\frac{1}{5}$ de $\frac{1}{2}$ où donc revient à prendre 2 parties sur 3 de 4 parties sur 5 de $\frac{1}{2}$, ou enfin à prendre une fraction en fonction d'une seconde, prise en fonction d'une troisième. Une fraction déterminée en fonction d'une 2.e, celle-ci prise en fonction d'une 3.e... est une Fraction de fractions.

Formée d'une 2.e, celle-ci d'une 3.e... déterminée sur l'unité, cette fraction est donc, bien qu'indirectement, en fonction de l'unité, et une quantité inférieure à l'unité.

La fraction de fractions équivaut donc à une fraction.

Réduire une fraction de fractions en fraction ordinaire.

Soit donnée la fraction de fractions, les $\frac{2}{3}$ des $\frac{4}{5}$ de $\frac{1}{2}$.

Portant que la division et la multiplication d'une fraction par un nombre reviennent à la multiplication, l'une du dénominateur et l'autre du numérateur de la fraction par ce nombre, on obtient, —Le $\frac{1}{5}$ de $\frac{1}{2}$ est $\frac{1}{2\times5}$; les $\frac{4}{5}$, $\frac{4}{2\times5}$; le $\frac{1}{3}$ de $\frac{4}{2\times5}$, $\frac{4}{2\times5\times3}$, et les $\frac{2}{3}$, $\frac{4\times2}{2\times5\times3}=\frac{4}{15}$.

FRACTIONS DÉCIMALES.

XVI.

CARACTÈRES ET PROPRIÉTÉS.

74. *Origine des fractions décimales.— Fractions décimales. — Leur double caractère. — Numération parlée, — écrite. — Composition de ses termes.*

La multiplication d'un dénominateur par un nombre est l'expression de la division de la fraction par ce nombre. — Or, $100=10^2$, $1000=10^3$, $10...=10^n$. — $\frac{1}{10}$, $\frac{1}{100}$, $\frac{1}{1000}$ ... sont donc des quantités de dix en dix fois plus petites que l'unité.

D'ailleurs $\frac{365}{1000}=\frac{300}{1000}+\frac{60}{1000}+\frac{5}{1000}=\frac{300+60+5}{1000}=\frac{3}{10}+\frac{6}{100}+\frac{5}{1000}$, par la division des termes des deux premières parties du numérateur et du dénominateur par 100 et 10.

Donc toute fraction qui a pour dénominateur l'unité suivie de zéros se compose de parties de dix en dix fois plus petites que l'unité.

C'est une fraction décimale.

On appelle Fractions décimales celles qui se composent de parties de l'unité de dix en dix fois plus petites.

De dix en dix fois plus petites, leurs parties ont pour base 10 ; donc l'unité de tout ordre vaut dix unités de l'ordre immédiatement inférieur ; donc chaque ordre ne saurait s'élever que de 1 à 9.—D'ailleurs 10e, 100e, 1000e, ...ont pour radicaux 10, 100, 1000 ... suivis de la terminaison *ième*.— Or, 10 , 100, 1000 ... composent les ordres et les classes des nombres entiers déterminés suivant le système de numération décimale, et la terminaison *ième*, désignative des parties, change les radicaux successifs de multiplicateurs en diviseurs. — Donc les 10es, 100es, 1000es... expriment des classes d'ordres identiques en valeur relative et semblablement opposées dans les dénominations par l'éloignement entre eux des mêmes radicaux, à celles des nombres entiers.

Donc, toute fraction décimale jouit à la fois de toutes les propriétés des fractions ordinaires et des nombres entiers ;

Et, à cause de cette dernière propriété, —

S'appelle encore Décimale ou Nombre décimal ; —

S'énonce et s'écrit comme un nombre entier, en y ajoutant la terminaison de la dernière subdivision décimale, si on l'énonce, et en séparant, par la virgule, la partie entière de la partie décimale, s'il s'agit de la représenter en chiffres.

Donc, elle a pour numérateur l'ensemble des chiffres qui sont à la droite de la virgule et pour dénominateur l'unité suivie d'autant de zéros qu'il y a de chiffres décimaux.

75. — *En déplaçant la virgule de 1, 2, 3 ...rangs vers la droite ou vers la gauche, la fraction décimale est multipliée ou divisée par 10, 100, 1000, ...*

Comme jouissant des propriétés des nombres entiers, il advient que chaque partie de la fraction dans son déplacement est multipliée ou divisée par 10 , 100, 1000, ... et partant la fraction elle-même.

Comme possédant les propriétés des fractions ordinaires, on obtiendra—D'une part, que $173{,}256 \times 100 = 17325{,}6$: car, d'abord $173{,}256 = \dfrac{173256}{1000}$, puis comme la multiplication d'une fraction par un nombre consiste à diviser le dénominateur de la fraction par ce nombre $\dfrac{173256}{1000} \times 100 = \dfrac{173256}{10}$, et $\dfrac{173256}{10} = 17325{,}6$;

—De l'autre, d'une manière analogue, que $173{,}256 : 100 = 1{,}73256$.

76. — *En écrivant ou en supprimant sur sa droite un nombre entier de zéros, une fraction décimale n'est pas changée.*

Considérant la fraction décimale comme ayant le privilége d'exprimer dans ses ordres des parties de dix en dix fois plus petites.

Les zéros placés ou supprimés à la droite d'une fraction décimale, eu égard au point de départ fixé à la gauche de la partie décimale pour la détermination de ses éléments, ne changent pas la valeur relative des ordres, et comme ils n'ont par eux-mêmes aucune valeur, la fraction n'est pas altérée.

Ou — 0,25 = 0,250, car 0,01 = 0,010 et par suite 0,01 × 25 (ou 0,25) = 0,010 × 25 = 0,250.

C'est d'une part dix fois moins de parties que dans l'autre, mais des parties dix fois plus grandes — ou réciproquement.

Accordant à la fraction décimale la propriété d'une fraction ordinaire, c'est multiplier ou diviser ses deux termes par un même nombre et partant ne la pas changer :

$$\frac{25}{100} = \frac{25 \times 10}{100 \times 10} = \frac{250}{1000} \text{ et } \frac{250}{1000} = \frac{250 : 10}{1000 : 10} = \frac{25}{100}.$$

OPÉRATIONS.

77. — *Additionner des fractions décimales entre elles.*

Soient 0,25 ; 0,071 ; 0,00942, les fractions proposées.

Prises comme des nombres entiers,

0,25 + 0,071 + 0,00942 = 0,33042.

An titre de fractions,

Elles ont respectivement pour formes $\dfrac{25}{100}$, $\dfrac{71}{1000}$, $\dfrac{942}{100000}$.

Or, la multiplication des deux termes d'une fraction par un même nombre n'en change pas la valeur ; on obtient ainsi successivement

$$\frac{25}{100} + \frac{71}{1000} + \frac{942}{100000} = \frac{25 \times 1000}{100 \times 1000} + \frac{71 \times 100}{1000 \times 100} + \frac{942}{100000}$$
$$= \frac{25000}{100000} + \frac{7100}{100000} + \frac{942}{100000} = \frac{25000 + 7100 + 942}{100000} =$$
$$\frac{33042}{100000} = 0,33042.$$

Soustraire une fraction décimale d'une fraction décimale.

Soit proposé de retrancher 0,097 de 0,1026.

Comme parties décimales,

0,1026 — 0,097 = 0,0056.

Comme fractions,

Elles ont pour formes 0,1026, $\dfrac{1026}{10000}$ et 0,097, $\dfrac{97}{1000}$.

Or, par la multiplication des deux termes d'une fraction par un même nombre, elle demeure constante.

Donc 0,1026 — 0,097 revient à $\dfrac{1026}{10000} - \dfrac{97}{1000} = \dfrac{1026}{10000} -$

$$\frac{97 \times 10}{1000 \times 10} = \frac{1026}{10000} - \frac{970}{10000} = \frac{1026 - 970}{10000} = \frac{56}{10000} = 0,0056.$$

78. — *Multiplier entre elles des fractions décimales.*

Soient 0,003 et 0,02, les fractions proposées.

Assimilant ces fractions décimales aux nombres entiers,

$0{,}003 \times 0{,}02 = 3 \times 2 : (1000 \times 100, = 100000)$, car ce produit est tout à la fois multiplié par 1000×100 dans ses facteurs et divisé par cette quantité.

Or, $3 \times 2 = 6$, et $6 : 100000 = 0{,}00006$.

Littéralement,

Par le déplacement de la virgule d'un certain nombre de rangs vers la droite, le nombre est multiplié par 10, 100, 1000 ...; donc en retranchant la virgule dans le multiplicande 0,003, ce facteur est multiplié par 1000 et en la supprimant dans le multiplicateur 0,02, ce facteur l'est par 100. Or, quand on multiplie le facteur d'un produit par un nombre, le produit est multiplié par ce nombre ; donc alors, le produit sera d'abord multiplié par 1000, puis le produit résultant par 100. Mais multiplier un nombre successivement par plusieurs autres, c'est le multiplier par leur produit ; donc le produit demandé sera multiplié par $1000 \times 100 = 100000$. Donc, comme la multiplication et la division sont des opérations contraires l'une à l'autre, pour le rendre à sa juste valeur, il le faut diviser par 100000.

Donc, $0{,}003 \times 0{,}02 = 3 \times 2$ ou $6 : 100000 = 0{,}00006$.

Les considérant comme des fractions,

Elles deviennent $0{,}003 = \dfrac{3}{1000}$ et $0{,}02 = \dfrac{2}{100}$.

Or, la multiplication de deux fractions entre elles s'exprime par la multiplication terme à terme de leurs facteurs.

Donc $0{,}003 \times 0{,}02$ ou $\dfrac{3}{1000} \times \dfrac{2}{100} = \dfrac{3 \times 2}{1000 \times 100} = \dfrac{6}{100000} = 0{,}00006$.

79. — *Diviser l'une par l'autre deux fractions décimales.* — *Considération.*

Soit donnée la division de 0,0006 par 0,02.

Au point de vue des nombres entiers,

$$0{,}0006 : 0{,}02 = \frac{(6 : 2) \times 100}{10000} \ ;$$ car le quotient est tout à la fois multiplié par 10000 dans le dividende, et divisé par 10000; et divisé par 100, dans le diviseur, et multiplié par ce nombre.

Mais dans la division des deux termes d'une division par un nombre, le quotient est constant.

Donc $\dfrac{(6 : 2) \times 100}{10000} = \dfrac{6 : 2}{100}$.

Or, $6 : 2 = 3$, et $3 : 100 = 0{,}03$.

Littéralement,

Par le déplacement de la virgule d'un certain nombre de rangs vers la droite, le nombre est multiplié par 10, 100, 1000...; donc en retranchant la virgule dans le dividende, le dividende est multipliée par 10000, et en la supprimant dans le diviseur, le diviseur l'est par 100. Or, en multipliant u ndividende par un nombre le quotient est multiplié par ce nombre, et en multipliant un diviseur par un nombre le quotient est divisé par ce nombre; donc alors, le quotient est tout à la fois, d'une part, multiplié par 10000, et divisé, de l'autre, par 100. Mais une quantité multipliée et divisée tout à la fois par un même nombre ne change pas; donc le quotient demandé sera multiplié par $\dfrac{10000}{100} = 100$; donc pour le rendre à sa juste valeur il le faudra diviser par 100.

Ainsi $0,0006 : 0,02 = \dfrac{6 : 2}{100} = \dfrac{3}{100} = 0,03$.

Au point de vue des fractions,

$0,0006 : 0,02$ devient $\dfrac{6}{10000} : \dfrac{2}{100}$.

Mais la division de deux fractions entre elles s'effectue en multipliant les termes de la première par ceux de la seconde renversée.

Donc $0,0006 : 0,02$ ou $\dfrac{6}{10000} : \dfrac{2}{100} = \dfrac{6 \times 100}{10000 \times 2}$.

Mais par la division des deux termes d'une fraction par un nombre, sa valeur n'est pas altérée; donc $\dfrac{6 \times 100}{10000 \times 2}$

$= \dfrac{6}{100 \times 2} = \dfrac{6}{200} = \dfrac{3}{100} = 0,03$.

Ainsi la division des fractions décimales consiste dans la division entre elles de leurs parties significatives, portant le degré de l'espèce du quotient à la différence de la somme des chiffres du dividende, comparée à la somme des chiffres du diviseur.

Or, que la portée décimale soit la même de part et d'autre, la différence sera zéro; donc il n'y aura point de chiffres décimaux au quotient.

Le quotient de leur division aura donc pour espèce des unités.

XVII.

CONVERSION

DES FRACTIONS ORDINAIRES EN FRACTIONS DÉCIMALES, ET RÉCIPROQUEMENT.

80. *Une fraction ordinaire étant donnée pour être rendue en fraction décimale,*

1.º Est réductible ou non en fraction de cette espèce suivant que son numérateur contient ou non tous les facteurs premiers autres que 2 et 5 de son dénominateur;

2.º Irréductible en fraction décimale, elle est périodique, — périodique pure, si le dénominateur ne contient aucun des facteurs 2 et 5, — périodique mixte, si elle est irréductible et

si le dénominateur renferme l'un des facteurs 2 ou 5 ou tous
les deux un certain nombre de fois, — et dans ce dernier cas,
la période commence immédiatement après autant de chiffres
qu'il y a d'unités dans le plus grand des deux exposants de
2 et 5 qui entrent au dénominateur. — Fraction décimale
périodique, — pure, — mixte. — Période.

1.° Une fraction est réductible ou non exactement en
fraction d'une espèce donnée, suivant que son numérateur
contient ou non tous les facteurs premiers de son dénominateur qui ne se rencontrent pas dans le nombre exprimant
l'espèce demandée. — Or, réduire une fraction en parties
décimales, c'est donner 10^n pour dénominateur à la fraction
résultante. Mais $10 = 5 \times 2$; 10^n ne contient donc que tous
facteurs premiers 2 et 5, mais en nombre illimité. Donc en
portant que le numérateur de la fraction proposée renferme
ou non tous les autres facteurs premiers que ceux-là de
son dénominateur, elle est ou non réductible exactement en
fraction décimale.

2.° Toute résultante de $\dfrac{a}{b}$ en parties c est égale à $\dfrac{(c \times a) : b}{c}$,
et comme la fraction décimale ne consiste que dans l'expres-
sion du numérateur, la réduction dont il s'agit revient à la
détermination de $(10^n \times a) : b$. — D'ailleurs la fraction proposée est irréductible en fraction de cette espèce ; donc
$(10^n \times a) : b$ est infini dans son quotient, sans quoi une fraction décimale déterminée équivaudrait à $\dfrac{a}{b}$, qui, partant,
ne serait point irréductible en parties de cette nature. Mais
a et b sont déterminés ; donc seul 10^n est infini ; donc $10^n \times a$
n'est autre chose que a suivi d'un nombre illimité de zéros.
— Produit de b par la résultante, $10^n \times a$ se compose d'une
somme indéfinie de produits partiels de b par chacun des
chiffres de celle-ci ; ces chiffres proviennent donc de la division de chacun de ces produits partiels par le diviseur
constant b. Succefsifs dans la fraction décimale, ils sont entre
eux de valeur relative décuple. Mais tout produit est concret
à l'espèce du multiplicande ; donc les produits d'où ces chiffres prennent naissance sont décuples entre eux. — Or, $\dfrac{a}{b}$
est une fraction ; donc a ne saurait être ici considéré comme
dividende. Le dividende contenant le produit le plus élevé
sera donc tout au moins a suivi de zéro, $a \times 10$. Soit q le
quotient de la division de $a \times 10$ par b, $a \times 10 - b \times q$, $= R$,
suivi d'un nombre indéfini de zéros exprimera la somme de
tous les autres produits partiels que $b \times q$, et sous-décuple
du premier, le second dividende partiel deviendra $R \times 10$,
qui conduira semblablement à un troisième $R' \times 10$ et ainsi
de suite, d'où les dividendes successifs sont indéfiniment

5.*

$a \times 10$, $R \times 10$, $R' \times 10$... Tout dividende partiel se compose donc d'une quantité $\times 10$. Or, $10 = 2 \times 5$.

Donc dans chaque dividende partiel s'introduisent les facteurs 2 et 5. Mais multiplier un dividende par un nombre, c'est multiplier le reste de la division par ce nombre; les dividendes successifs $a \times 10$, $R \times 10$, $R' \times 10$... reviennent donc à $a \times 2 \times 5$, $r \times 2^2 \times 5^2$, $r' \times 2^3 \times 5^3$... D'ailleurs poser que le quotient n'est pas changé en divisant les deux termes d'une division par la même quantité, c'est admettre la négative sur l'influence de leurs facteurs communs. Or, b contient ou non des facteurs 2 et 5. Que l'on ait $b = c \times 2^2 \times 5^3$, portant toutefois que a ne les contienne également, ce qui en détruirait l'effet, les divisions successives deviendront

$$
\begin{aligned}
a \quad &\times 2 \times 5 \quad : b = a \quad : c \times 2 \times 5^2, \\
r \quad &\times 2^2 \times 5^2 : b = r \quad : c \times 5, \\
r' \quad &\times 2^3 \times 5^3 : b = r' \quad \times 2 \quad : c, \\
r'' \quad &\times 2^4 \times 5^4 : b = r'' \times 2^2 \times 5 : c, \\
r^v \quad &\times 2^5 \times 5^5 : b = r^v \times 2^3 \times 5^3 : c,
\end{aligned}
$$

D'où il advient que jusqu'à suffisante introduction de facteurs 2 et 5 de manière à obtenir $R' \cdots \times 10 : c$, toutes les divisions qui précèdent $a \times 2 \times 5 : b$, $r \times 2^3 \times 5^2 : b$, $r' \times 2^3 \times 5^3 : b$, se réduisent à $a : c \times 2 \times 5^2$, $r : c \times 5$, $r' \times 2 : c$, ne satisfont pas aux conditions dans le dividende et sont disparates entre elles dans le diviseur, tandis que celles qui suivent sont régulières dans leurs dividendes $r'' \times 2^2 \times 5$, $r^v \times 2^3 \times 5^2$... et dans le diviseur constant c. Celles de la première partie ne sont donc que des divisions diverses entre elles, et celles de la seconde en réalité comme en forme des divisions parfaitement semblables; donc l'harmonie qui pourrait exister entre les chiffres du quotient de part et d'autre ne saurait être que celle d'une heureuse combinaison.

Or, tout reste est inférieur à b; donc le nombre de restes qu'il se rencontrera dans les divisions partielles est limité; donc après une certaine série d'opérations on retombera sur un reste obtenu précédemment. — D'ailleurs, deux restes différents ne sauraient avoir même origine, sinon il arriverait que deux multiples différents du même nombre, augmentés chacun d'une même quantité, donneraient un résultat commun. Donc de deux restes égaux le dernier prend naissance d'un reste égal à celui du premier, et point de départ identique à celui-ci, il conduit indéfiniment à des résultats égaux. Mais tout reste $\times 10$ devient un dividende immédiat, et des dividendes égaux par un diviseur constant donnent lieu à des quotients égaux.

Donc, en dehors de toute altération, la fraction décimale résultante est périodique.

La fraction décimale résultante est donc toujours périodique.

Mais b ne contenant pas de facteurs 2 et 5, toute modification est impossible. Donc, tout chiffre commençant une période a même origine que celui qui la recommence de nouveau, le reste qui la termine, qui prend naissance lui-même d'un précédent et ainsi de suite en rétrogradant jusqu'au premier terme.

D'ailleurs, par la même division de ses deux termes $\dfrac{a}{b} = \dfrac{a'}{b'}$, et par suite $(10^n \times a) : b = (10^n \times a') : b'$.

Donc réductible ou irréductible, elle est alors périodique pure.

Si elle est irréductible, ou si seulement a ne renferme aucun facteur 2 ou 5, et que b les contienne l'un ou l'autre ou tous les deux un certain nombre de fois, comme alors les chiffres du quotient en quantité égale à ce nombre se trouvent altérés, il existe dans la fraction décimale une partie préalable subissant l'influence des facteurs 2 et 5 que les chiffres suivants ne sauraient plus ressentir, elle se trouve donc en dehors de cette suite indéfinie de chiffres, et la fraction décimale comprend une partie préalable disparate conjointement avec une partie périodique.

Elle est donc alors périodique mixte.

D'ailleurs considérant entre elles les périodes d'une fraction décimale périodique, comme elles sont identiquement composées, l'origine de chacune d'elles ne dépend que du chiffre qui commence la première, et si l'on suppose 1,2,3... des premiers chiffres de cette première retranchés, les périodes, quoique différentes les unes des autres suivant le chiffre qui leur donne naissance, se conforment entre elles toujours semblablement. Le chiffre qui commence la période est donc l'un quelconque des chiffres qui la composent. Donc la partie périodique commence immédiatement après la partie disparate, qui, dans sa formation, comprend autant de chiffres qu'il entre de facteurs 2 ou 5 ou 2 et 5 au dénominateur, expression du degré le plus élevé de la puissance des deux.

— Les fractions décimales dans lesquelles les mêmes chiffres reviennent périodiquement et à l'infini, se nomment Fractions décimales périodiques.

Elles sont pures ou simples si les fractions ne se composent que de périodes;

Elles sont mixtes, lorsqu'elles se composent d'une partie disparate suivie d'une partie périodique.

L'ensemble des chiffres qui se reproduit indéfiniment pour exprimer la fraction est la Période.

81. — *Réduire une fraction ordinaire en fraction décimale.*

Soit $\frac{7}{8}$ la fraction proposée.

1.º $\frac{7}{8} \times 10$, multiplication d'une fraction par un nombre, $= \frac{7 \times 10}{8} = \frac{70}{8}$. — Or, $\frac{70}{8}$, identique à la division dans ses termes, $= 8$ unités plus $\frac{6}{8}$ d'unité. — Donc $\frac{\frac{7}{8} \times 10,}{10} = \frac{7}{8}$, comme quantité multipliée et divisée tout à la fois par 10, $= 8$ unités $+ \frac{6}{8}$ d'unité ou 8 dix.es $+ \frac{6}{8}$ de dix.e

Semblablement,

$\frac{6}{8} \times 10 = \frac{6 \times 10}{8} = \frac{60}{8} = 7$ dix.es $+ \frac{4}{8}$ de dix.e ; donc $\frac{\frac{6}{8} \times 10,}{10} = \frac{6}{8}$, $= 7$ dix.es $+ \frac{\frac{4}{8}}{10}$ de dix.e ou 7 cent.es $+ \frac{4}{8}$ de cent.e

Puis,

$\frac{4}{8} \times 10 = \frac{4 \times 10}{8} = \frac{40}{8} = 5$ cent.es ; donc $\frac{\frac{4}{8} \times 10,}{10} = \frac{4}{8}$, $= \frac{5 \text{ cent.}^{es}}{10} = 5$ mill.es

$\frac{7}{8}$ équivaut donc à $0,8 + 0,07 + 0,005 = 0,875$.

2.º Toute résultante d'une fraction en fraction d'une autre espèce a pour expression $\frac{(c \times a) : b}{c}$, qui, par la suppression du dénominateur, éliminé dans la fraction décimale, devient $(10^n \times a) : b$.

Ainsi s'obtient, — $\frac{7}{8} = \frac{10^n \times 7}{8} = \frac{7000\ldots}{8} = 0,875$, partie décimale de trois chiffres, et qui partant exprime des mill.es

Ainsi $\frac{7}{8} = 0,875$ millièmes.

3.º Une quantité multipliée et divisée tout à la fois par un nombre demeure constante; donc $\frac{7}{8} = \frac{\frac{7}{8} \times 10^n}{10^n} = \frac{\frac{7 \times 10^n}{8}}{10^n}$, comme produit d'une fraction par un nombre.

Or, $\frac{7 \times 10^n}{8}$, $= \frac{7000\ldots}{8}$, conduit à 875.

Donc $\dfrac{\frac{7}{8} \times 10^n}{10^n} = \dfrac{875}{10^3} = 0{,}875$.

82. — *Réduire une fraction décimale en fraction ordinaire.*

Soit 0,75 la fraction proposée.

1.º Le numérateur d'une fraction décimale n'est autre chose que la fraction décimale elle-même, et le dénominateur équivaut à l'unité suivie d'autant de zéros qu'il y a de chiffres dans la fraction.

Donc $0{,}75 = \dfrac{75}{100}$.

2.º Retrancher la virgule dans la fraction 0,75, c'est la multiplier par 100 ; donc pour la rendre à sa juste valeur ,il faut la diviser par 100. Donc $0{,}75 = \dfrac{75}{100}$, comme quantité multipliée et divisée tout à la fois par 100.

Réduire une fraction périodique pure en fraction ordinaire.

Soit 0,2727..., la fraction donnée.

$0{,}2727\ldots \times 100 = 27,\ 2727\ldots$, par le déplacement de la virgule de deux rangs vers la droite.

Donc $27,\ 2727\ldots - 0{,}2727\ldots$ ou $27 = 0{,}2727\ldots \times (100-1)$ ou 99.

Donc $0{,}2727\ldots = \dfrac{27}{99}$.

Réduire une fraction périodique mixte en fraction ordinaire.

Soit 0, 34545..., la fraction à rendre en fraction ordinaire.

Par le déplacement de la virgule on obtient : d'une part , $0{,}34545\ldots \times 1000 = 345,\ 4545\ldots$;

d'autre , $0,\ 34545\ldots \times 10 = 3,\ 4545\ldots$

Donc $345,\ 4545\ldots - 3,\ 4545\ldots$, ou , comme le reste est constant par la suppression d'une même quantité aux deux termes , $345 - 3 = 0{,}34545\ldots \times (1000-10 = 990)$.

Donc $0,\ 34545\ldots = \dfrac{345-3}{990}$.

83. — *Considérations sur les nombres fractionnaires.*

Décomposés ou transformés les nombres fractionnaires ne sont autres que des nombres entiers ou des fractions ; les opérations auxquelles ils donnent lieu se réduisent donc aux opérations sur ces nombres.

EXERCICES.

Effectuer toutes les opérations sur les nombres fractionnaires.

EXTRACTION DES RACINES.
XVIII.

84. — *Nombre compris entre deux puissances semblables de deux quantités distinctes d'une unité.*

Comparant entre elles les mêmes puissances semblables de deux nombres différant de telle petite quantité que l'on voudra, on obtiendra,

Pour $(a+1)^2 = a^2+2a+1$, $(a+1)^2 - a^2 = 2a+1$,

Pour $(a+1)^3 = a^3+3a^2+3a+1$, $(a+1)^3 - a^3 = 3a^2+3a+1$,

$$\vdots \qquad\qquad\qquad \vdots$$

Delà des quantités $2a+1$, $3a^2+3a+1$... entre deux puissances semblables d'un nombre et de ce nombre $+1$.

Quand la racine d'un nombre entier n'est pas entière elle est incommensurable.

Que $\sqrt[n]{N} = a + \dfrac{b}{c}$. $a = \dfrac{a \times c}{c}$, comme quantité multipliée et divisée tout à la fois par c. Donc la valeur de $\sqrt[n]{N}$ deviendra $\dfrac{a \times c}{c} + \dfrac{b}{c} = \dfrac{ac+b}{c}$. Faisons $\dfrac{ac+b}{c} = \dfrac{d}{e}$ irréductible. $\dfrac{d}{e}$ élevée à la puissance n donne, comme multiplication de fractions entre elles, $\dfrac{d^n}{e^n} = N$. Or, d et e sont premiers entre eux; donc leurs puissances d^n et e^n le sont; donc elles ne sont pas divisibles l'une par l'autre; donc $\dfrac{d^n}{e^n}, = N$, nombre entier, est absurde. $\sqrt[n]{N} = a + \dfrac{b}{c}$ est donc pareillement absurde.

La racine n^e de N n'étant ni entière ni fractionnaire es$_t$ incommensurable.

Quand les deux termes d'une fraction irréductible ne sont pas des puissances n parfaites, sa racine n^e est incommensurable.

Que $\dfrac{a'}{b'}$, irréductible, soit la racine n^e de $\dfrac{a}{b}$ aussi irréductible, $\dfrac{a'^n}{b'^n} = \dfrac{a}{b}$, comme multiplication de fractions entre elles. Mais $\dfrac{a'}{b'}$ étant irréductible, toute puissance $\dfrac{a'^n}{b'^n}$ de cette fraction l'est. Or deux fractions irréductibles égales sont identiques; donc $a = a'^n$ et $b = b'^n$; donc a et b seraient des puissances parfaites de a' et b', ce qui est contraire à l'hypothèse.

85. — *Restes partiels dans l'extraction des racines.*

Deux quantités distinctes d'une unité ont pour différence $2a+1$, $3a^2+3a+1$... dans leurs puissances semblables.

Donc 1.º la racine carrée trop petite d'une unité donne pour reste au moins deux fois cette racine plus un.

2.º La racine cubique trop petite d'une unité donne pour reste au moins trois fois le carré de cette racine, plus trois fois cette racine plus un.

Et ainsi de suite.

86. — *Soit proposé d'extraire la racine carrée de 294849.*

C'est déterminer le nombre qui multiplié par lui-même reproduise 294849.

$100 = 10^2$: donc tout nombre > 100 a des unités et des dizaines à sa racine.

Mais 294849 est supérieur à 100 ; donc il y aura des dizaines et des unités à sa racine ; et partant 294849 contient $(D+U)^2$.

Or, $(D+U)^2 = D^2 + 2DU + U^2$.

Plus D^2 par la nature de ses facteurs est un produit exact de centaines.

D^2 n'est donc contenu que dans les 2948 centaines de 294849.

Mais 2948 est aussi supérieur à 100 ; il y a donc des dizaines et des unités à sa racine.

Partant 2948 centaines $(d+u)^2$.

$(d+u)^2$, expression du plus grand carré contenu dans 2948, ne saurait être plus petit que D^2.

D'ailleurs $294800 < 294849$ ne saurait conduire à $(d+u)^2 > D^2$.

Donc $(d+u)^2 = D^2$.

Or, $(d+u)^2 = d^2 + 2du + u^2$.

Plus d^2 à cause des facteurs est un produit exact de cent^{es}.

29 contient donc d^2.

$5^2 = 25 < 29$; donc 5 ne surpasse pas d.

Mais $5+1 = 6$ et $6^2 = 36 > 29$, donc 5 n'est pas inférieur à d.

Donc $d = 5$ dizaines des dizaines ou centaines de la racine.

2948 contient $(d+u)^2 = d^2 + 2du + u^2$.

Donc $2948 - d^2$ ou $2500 = 448$ renferme encore $2du + u^2$.

Or, $2du$ est un produit exact de dizaines, en raison de sa composition avec le multiplicande.

Donc 44 contient $2du$ ou $10u$.

$44 : 10$ donne 4 ; et $2 \times 50 \times 4 + 4^2 = 416 < 448$; donc 4 n'est pas supérieur à u.

Or, la racine carrée trop petite d'une unité donne pour reste au moins 2 fois la racine $+1$; et $448 - 416 = 32 < 54 \times 2 + 1$; donc 4 n'est pas inférieur à u.

Donc $u = 4$, les unités de dizaines de la racine.

Mais 294849 contient $(D+U)^2 = D^2 + 2DU + U^2$.

Donc $294849 - (d+u)^2$ ou $D^2 (= 3249)$, contient encore $2DU + U^2$.

Or, $2DU$ est un produit exact de dizaines, en raison de sa composition avec le multiplicande.

Donc 324 contient $2DU$ ou $108U$.

324 : 108 donne 3 ; et $2\times108\times3+3^2=3249$.

Donc 3 est le chiffre des unités de la racine.

Donc $\sqrt{294849}=543$.

87. — *Soit proposé d'extraire la racine cubique de 160103007.*

C'est déterminer le nombre qui, élevé à la troisième puissance, reproduise 160103007.

$1000=10^3$: donc tout nombre plus grand que 1000 a des unités et des dizaines à sa racine.

Mais 160103007 est supérieur à 1000 ; donc il y aura des unités et des dizaines à la racine ; et partant 160103007 contient $(D+U)^3$.

Or $(D+U)^3=D^3+3D^2U+3DU^2+U^3$.

Plus D^3 par la nature de ses facteurs est un produit exact de mille.

D^3 n'est donc contenu que dans les 160103 M de 160103007.

Mais 160103 est aussi supérieur à 1000 ; donc il y aura des dizaines et des unités à sa racine.

Partant 160103 contient $(d+u)^3$.

$(d+u)^3$, expression du plus grand cube contenu dans 160103, ne saurait être $<D^3$.

D'ailleurs, $160103000<160103007$ ne pourrait conduire à $(d+u)^3>D^3$.

Donc $(d+u)^3=D^3$.

Or $(d+u)^3=d^3+3d^2u+3du^2+u^3$.

Plus d^3 à cause des facteurs est un produit exact de mille.

160 contient donc d^3.

$5^3=125<160$; donc 5 n'est pas $>d$.

Mais $5+1=6$ et $6^3=216>160$; donc 5 n'est pas $<d$.

Donc $d=5$ dizaines des dizaines ou centaines de la racine.

160103 contient $(d+u)^3$ ou $d^3+3d^2u+3du^2+u^3$.

Donc $160103-d^3$ ou $125000=35103$, renferme encore $3d^2u+3du^2+u^3$.

Or, $3d^2u$ est un produit exact de centaines, en raison de sa composition avec le multiplicande.

Donc 351 contient $3d^2u=3\times5^2\times u$ ou $75\,u$.

351 : 75 donne 4 et $3\times50^2\times4+3\times50\times4^2+4^3=32464<35103$; donc 4 n'est pas supérieur à u.

Or, la racine cubique trop petite d'une unité donne pour reste au moins le triple carré de la racine trouvée, plus 3 fois cette racine $+1$; et $35103-32464=2639<54^2\times3+54\times3+1$: donc 4 n'est pas inférieur à u.

Donc $u=4$, les unités de dizaines de la racine.

Mais 160103007 contient $(D+U)^3$ ou $D^3+3D^2U+3DU^2+U^3$.

Or $3D^2U$ est un produit exact de dizaines, en raison de sa composition avec le multiplicande.

Donc 26390 contient $3D^2U$ ou $54^2\times3\times U=8748\,U$.

26390 : 8748 donne 3, et $3\times54^2\times3 + 3\times54\times3^2 + 3^3 =$ 2639007.

Donc 3 est le chiffre des unités de la racine.

Donc $\sqrt[3]{160103007} = 543$.

Semblablement,

On obtiendra la racine entière n.^{ième} de tout nombre entier.

88. — *Extraction de la racine n.^{e} d'une fraction.*

Prenant, soit, $a = (\sqrt[3]{a})^3$,

et $b = (\sqrt[3]{b})^3$,

on aura $\dfrac{a}{b} = \dfrac{(\sqrt[3]{a})^3}{(\sqrt[3]{b})^3} = \dfrac{\sqrt[3]{a}\times\sqrt[3]{a}\times\sqrt[3]{a}}{\sqrt[3]{b}\times\sqrt[3]{b}\times\sqrt[3]{b}} = \left(\dfrac{\sqrt[3]{a}}{\sqrt[3]{b}}\right)^3$.

Donc $\sqrt[3]{\dfrac{a}{b}} = \dfrac{\sqrt[3]{a}}{\sqrt[3]{b}}$, expression de l'extraction de la même racine de ses deux termes.

89. — *Racines par approximation.*

Or, quand la racine d'un nombre entier n'est pas entière, et quand il s'agit de la racine d'une fraction irréductible, dont les termes ne sont pas des puissances n.^{èmes} parfaites de quantités, ces racines sont irrationnelles.

Extraction de la racine n.^{e} d'un nombre avec approximation : moyens et conséquences.

EXTRACTION DE LA RACINE N.^{e} D'UN NOMBRE AVEC APPROXIMATION GÉNÉRALE.

$\sqrt[n]{a} = \dfrac{\sqrt[n]{a}}{b}\times b$, comme quantité multipliée et divisée tout à la fois par b.

Mais $b = \sqrt[n]{b^n}$.

Donc $\sqrt[n]{a}\times b = \sqrt[n]{a}\times\sqrt[n]{b^n}$. Or des facteurs à une même puissance constituent leur produit à cette puissance.

Donc $\sqrt[n]{a}\times\sqrt[n]{b^n} = \sqrt[n]{a\times b^n}$.

Donc $\sqrt[n]{a} = \dfrac{\sqrt[n]{a\times b^n}}{b}$,

Cela posé, on trouvera,

POUR LA RACINE D'UN NOMBRE ENTIER :

$$\sqrt{13} = \frac{\sqrt{13\times7}}{7} = \frac{\sqrt{13}\times\sqrt{7^2}}{7} = \frac{\sqrt{13\times7^2}}{7} = \frac{\sqrt{637}}{7},$$

6.

comprise entre $\dfrac{25}{7}$ et $\dfrac{26}{7}$.

$$\sqrt[3]{7} = \frac{\sqrt[3]{7} \times 5}{5} = \frac{\sqrt[3]{7} \times \sqrt[3]{5^3}}{5} = \frac{\sqrt[3]{7 \times 5^3}}{5} = \frac{\sqrt[3]{875}}{5},$$

comprise entre $\dfrac{9}{5}$ et $\dfrac{10}{5}$.

D'ailleurs, comme $\left(a+\frac{1}{2}\right)^2 = a^2 + a + \frac{1}{4}$, si dans l'extraction de la racine carrée, on arrive à un reste $R < a + \frac{1}{4}$, on aura cette racine à moins d'une demi-unité, et si l'on a $R > a + \frac{1}{4}$, $a+1$ exprimera encore cette approximation.

Et ainsi des autres racines sur la valeur du reste, en raison des puissances.

POUR LA RACINE D'UNE FRACTION,

1.° Soit à moins de la partie désignée par le dénominateur

$$\sqrt{\frac{7}{13}} = \frac{\sqrt{\frac{7}{13} \times 13}}{13} = \frac{\sqrt{\frac{7}{13} \times \sqrt{13^2}}}{13} = \frac{\sqrt{\frac{7}{13} \times 13^2}}{13} =$$

$$\frac{\sqrt{7 \times 13}}{13} = \frac{\sqrt{91}}{13}, \text{ comprise entre } \frac{9}{13} \text{ et } \frac{10}{13}.$$

$$\sqrt[3]{\frac{235}{528}} = \frac{\sqrt[3]{\frac{235}{528} \times 528}}{528} = \frac{\sqrt[3]{\frac{235}{528}} \times \sqrt[3]{528^3}}{528} =$$

$$\frac{\sqrt[3]{\frac{235}{528} \times 528^3}}{528} = \frac{\sqrt[3]{235 \times 528^2}}{528} = \frac{\sqrt[3]{65514240}}{528}, \text{ com-}$$

prise entre $\dfrac{403}{528}$ et $\dfrac{404}{528}$.

En complétant le dénominateur, quand il y a lieu, dans ses facteurs premiers :

$$\sqrt{\frac{17}{360}} = \sqrt{\frac{17}{2^3 \times 3^2 \times 5}} = \frac{\sqrt{\frac{17}{2^3 \times 3^2 \times 5} \times 2^3 \times 5 \times 3}}{2^2 \times 5 \times 3} =$$

$$\frac{\sqrt{\frac{17}{2^3 \times 3^2 \times 5}} \times \sqrt{2^4 \times 5^2 \times 3^2}}{2^2 \times 5 \times 3} = \frac{\sqrt{\frac{17 \times 2^4 \times 5^2 \times 3^2}{2^3 \times 3^2 \times 5}}}{2^2 \times 5 \times 3} =$$

$$\frac{\sqrt{17 \times 2 \times 5}}{2^2 \times 5 \times 3} = \frac{\sqrt{170}}{60}, \text{ comprise entre } \frac{13}{60} \text{ et } \frac{14}{60}.$$

D'où il suit qu'alors la racine est obtenue en termes plus simples, mais à un degré inférieur d'approximation.

En élevant le numérateur, au lieu du dénominateur, à la puissance demandée.

$$\sqrt{\frac{5}{13}} = \sqrt{\frac{5\times5}{13\times5}} = \sqrt{\frac{5^2}{13\times5}} = \frac{5}{\sqrt{13\times5}} = \frac{5}{\sqrt{65}},$$

comprise entre $\frac{5}{8}$ et $\frac{5}{9}$.

Il n'y a aussi qu'une racine à extraire, mais on ne sait préalablement sur quel degré d'approximation on pourrait compter.

D'ailleurs, en n'extrayant que la racine des deux termes de la fraction, la racine demandée serait susceptible de n'être exacte qn'à plus d'une unité près :

$$\sqrt{\frac{900}{7}} \text{ est comprise entre } \frac{30}{2} = 15 \text{ et } \frac{30}{3} = 10. \text{ Mais }$$

$\frac{900}{7}, = 128\frac{4}{7}$, est comprise entre le carré de 11 et celui de 12.

Donc 10 et 15 diffèrent au moins d'une unité de la racine réelle.

2.° Soit à moins d'une unité donnée :

$$\sqrt{\frac{5}{14}} = \frac{\sqrt{\frac{5}{14} \times 20}}{20} = \frac{\sqrt{\frac{5}{14} \times \sqrt{20^2}}}{20} = \frac{\sqrt{\frac{5}{14} \times 20^2}}{20}$$

$$= \frac{\sqrt{\frac{2000}{14}}}{20} = \frac{\sqrt{142\frac{4}{7}}}{20}, \text{ comprise entre } \frac{11}{20} \text{ et } \frac{12}{20}.$$

POUR LA RACINE D'UNE FRACTION DÉCIMALE :

$$\sqrt{0{,}365} = \sqrt{\frac{365}{1000}} = \frac{\sqrt{\frac{365}{1000} \times 1000}}{1000} =$$

$$\frac{\sqrt{\frac{365}{1000}} \times \sqrt{1000^2}}{1000} = \frac{\sqrt{\frac{365}{1000} \times 1000^2}}{1000} = \frac{\sqrt{365 \times 1000}}{1000} =$$

$$\frac{\sqrt{365000}}{1000}, \text{ comprise entre } 0{,}604 \text{ et } 0{,}605.$$

L'extraction de la racine d'une fraction décimale n'est donc autre chose que celle d'un nombre entier.

Or, $100 = 10^2$, $10000 = 100^2$, $1000000 = 1000^2$,...; donc tout nombre inférieur à 100, à 10000, à 1000000... donne soit 1, soit 2, soit 3... chiffres à la racine carrée. Mais 100, 10000, 1000000,... se surpassent l'un l'autre successivement de deux chiffres. Donc autant de fois deux chiffres sont contenus dans le nombre donné autant de fois deux chiffres, il se rencontre à la racine.

Semblablement on déterminera que l'approximation de la racine cubique d'un nombre entier, a pour terme trois chiffres du nombre donné sur un de sa racine.

Et ainsi des autres racines.

Donc le degré d'approximation de la racine carrée, — cubique —... de la fraction décimale, sera déterminé par le nombre de fois 2, 3,... chiffres qu'elle comprendra.

La racine non exacte d'une fraction décimale ne saurait être périodique : car elle est irrationnelle, et toute fraction décimale périodique équivaut à une fraction ordinaire limitée.

POUR LA RACINE D'UN NOMBRE QUELCONQUE A MOINS D'UNE FRACTION DONNÉE :

En divisant les deux termes de $\frac{a}{b}$ par a, on obtient $\frac{a}{b} = \frac{1}{\frac{b}{a}}$.

Ce cas devient alors le même que les précédents.

Ainsi $\sqrt[\frac{b}{a}]{a} = \sqrt[\frac{b}{a}]{a} \times \frac{b}{a} = \sqrt[\frac{b}{a}]{a} \times \sqrt{\left(\frac{b}{a}\right)^{p}} = \sqrt[\frac{b}{a}]{a \times \frac{b^{p}}{a^{p}}}$

90. — *Extraction de la racine d'un nombre fractionnaire. — Remarque.*

Soit $4\frac{3}{5}$ le nombre proposé.

$$\sqrt{4 + \frac{3}{5}} = \sqrt{\frac{23}{5}} = \sqrt[5]{\frac{23}{5} \times 5} = \sqrt[5]{\frac{23}{5} \times \sqrt{5^{2}}} =$$

$$\sqrt[5]{\frac{23}{5} \times 5^{2}} = \frac{\sqrt{23 \times 5}}{5} = \frac{\sqrt{115}}{5} \text{ , comprise entre}$$

$\frac{10}{5}$ et $\frac{11}{5}$.

$$\sqrt{45.32} = \sqrt{\frac{4532}{100}} = \sqrt[100]{\frac{4532}{100} \times 100} = \sqrt[100]{\frac{4532}{100} \times \sqrt{100^{2}}} =$$

$$\sqrt[100]{\frac{4532}{100} \times 100^{2}} = \frac{\sqrt{4532 \times 100}}{100} = \frac{\sqrt{453200}}{1000} \text{ , comprise}$$

entre 6,73 et 6,74.

C'est l'extraction de la racine de l'expression rendue en un seul terme.

D'ailleurs $\left(\sqrt{4} + \sqrt{\frac{3}{5}}\right)^{2} = \left(\sqrt{4}\right)^{2} + 2\sqrt{4} \times \sqrt{\frac{3}{5}} + \left(\sqrt{\frac{3}{5}}\right)^{2}$ surpasse $4\frac{3}{5}$ de $2\sqrt{4} \times \sqrt{\frac{3}{5}}$:

la somme des racines des parties n'est donc pas égale à la racine de l'ensemble.

91. — *Combinaison des puissances entre elles , — Consé-quences.*

Soit $\sqrt{A}=a$, on obtient $A=a^2$. Donc la racine carrée de la racine carrée d'un nombre est 2^2 ou 4^2 fois facteur dans ce nombre, ou sa racine $4.^e$, et la racine carrée de cette dernière, $2^2 \times 2$ ou $2^3 = 8$ fois facteur du nombre, ou sa racine $8.^e$...

Donc des racines successives équivalent à des racines de degrés assignés,

S'il s'agit de 2 racines , de degré 2^2 ou 4e.

. . . . 3 . . . . 2^3 ou 8e.

Pareillement on obtiendra que des racines cubiques successives donnent lieu à des racines de degrés déterminés,

S'il y a 2 racines , de degrè 3^2 ou 9e.

. . . . 3 . , ... , . . . 3^3 ou 27e.

Et ainsi de suite.

Ainsi lorsque l'indice de la racine à extraire sera une puissance parfaite de n, il suffira pour l'obtenir d'extraire du nombre proposé un nombre de racines n successives , marqué par l'exposant que n a dans l'indice de cette racine.

Mais $2 \times 3 = 6$, $2 \times 3^2 = 18$, $2 \times 3^3 = 54...$

$2^2 \times 3 = 12$, $2^2 \times 3^2 = 36$, $2^2 \times 3^3 = 108...$ — ; etc.

Donc aussi certaines puissances d'un nombre se composent du produit d'autres puissances différentes entre elles de ce nombre.

Or, $a^{nn'} = a^n \times a^n...$

Donc en extrayant les racines successives que comprend une puissance donnée, on obtiendra la racine demandée.

92. — *Extraire la racine $6.^e$ de 7 à 1 dixième près.*

$a^6 = a^3 \times a^2$.

Donc $\sqrt[6]{7}$ conduit à effectuer la racine cubique de la racine carrée du nombre proposé.

$$\sqrt[6]{7} = \sqrt[6]{\frac{7}{10}} \times 10 = \frac{\sqrt[6]{7} \times \sqrt[6]{10^6}}{10} = \frac{\sqrt[6]{7 \times 10^6}}{10}$$

$$= \frac{\sqrt[6]{7000000}}{10}$$

Or, $\sqrt{7000000} = 2645$, et $\sqrt[3]{2645} = 13$.

Donc $\dfrac{\sqrt[6]{7000000}}{10} = \dfrac{13}{10}$ à 1 dixième près.

EXERCICES.

Effectuer l'extraction des racines sur des nombres donnés du degré n^e.

6.*

COMPARAISONS.

RAPPORTS.

XIX.

CARACTÈRES ET PROPRIÉTÉS.

93. — *Origine du Rapport. — Rapport ou Raison. — Diffé-*
rence. — Son objet. — Ses termes. — Comparaison. — Les
deux sortes de rapports. — Leurs caractères. — Leur re-
présentation. — Propriété.

Deux grandeurs étant données pour déterminer la valeur
de l'une en fonction de l'autre, on compare entre elles ces
quantités.

On appelle, en général, **Rapport ou Raison** le résultat de
la comparaison de deux quantités.

Toutefois le rapport s'entend spécialement du résultat de
la comparaison, et la raison de la relation qui lie les quantités entre elles.

Le rapport de deux quantités a donc pour objet: grandeur
à comparer est à grandeur comparative.

Donc,

Le premier terme d'un rapport est l'Antécédent du second,
et celui-ci, le Conséquent, la valeur composante de celui-là.

Or, comparer une grandeur à une autre, c'est en exprimer
la différence ou proposer combien de fois la première contient la seconde.

Le rapport est donc soit par différence ou arithmétique,
soit par quotient ou géométrique.

Donc,

1.º Le rapport par différence consiste dans la soustraction
des deux quantités;

Et 2.º le rapport par quotient, dans la division de l'une
par l'autre, et par suite, comme il y a similitude entre les
termes de la division et ceux de la fraction, dans l'énoncé
de la fraction, dont ces quantités sont les éléments.

Le rapport a pour expression:

S'il est arithmétique, $a \cdot b$;

S'il est géométrique, $a : b$.

Or, 1.º On augmente ou diminue les deux termes d'une
soustraction d'une quantité sans altérer le résultat.

Donc,

Le rapport arithmétique demeure constant par l'addition
ou la soustraction d'une même quantité à ses deux termes.

2.º On multiplie ou divise les deux termes d'une division
ou d'une fraction par une même quantité, sans changer la
valeur du quotient ou de la fraction.

Donc, — *Le rapport géométrique demeure constant par*

la multiplication ou la division de ses deux termes par une même quantité.

PROPORTIONS.

CARACTÈRES.

94. — *Proportion. — Son objet. — Les deux sortes de proportions. — Leurs caractères. — Leur représentation. — Moyenne différentielle, — proportionnelle. — Proportion continue. — Dénomination des changements.*

On appelle Proportion l'expression de l'égalité de deux rapports de même espèce.

Rapport d'un 1.er terme est à un 2.e, comme rapport d'un 3.e est à un 4.e, tel est donc le caractère de la proportion.

Elle est arithmétique ou géométrique suivant la nature des rapports; c'est, d'une part, l'Equi-différence; de l'autre, l'Equi-quotient.

La première prend ce dernier nom, la seconde conserve celui de proportion.

Ainsi,

L'Equi-différence exprime l'égalité de deux différences, et la Proportion, l'égalité de deux quotients.

La proportion se représente,

Si elle est arithmétique, par $a \cdot b : c \cdot d$;

Si elle est géométrique, par $a : b :: c : d$.

Quand les deux termes moyens d'une proportion sont égaux :

1.º La quantité qui les représente est moyenne différentielle ou proportionnelle, suivant qu'il s'agit de l'équi-différence ou de la proportion ;

2.º Et le même terme étant tout à la fois déterminatif et déterminé sans interruption dans la proportion, la proportion est continue.

Les termes de la proportion, à cause de ses propriétés, sont soumis à certains changements. De là des dénominations qui les expriment:

Ce sont : — Pour les mutations des termes, — Alternando et invertendo;

Pour les opérations qu'ils subissent une à une,—addendo, substrahendo, multiplicando et dividendo ;

Pour la composition des rapports, — Componendo.

Elles sont aujourd'hui d'un usage peu fréquent.

PROPRIÉTÉS.

1.º ÉQUIDIFFÉRENCES.

95. — *Dans toute équidifférence la somme des extrêmes est égale à celle des moyens.*

Le plus grand des deux termes de la soustraction est égal à la somme du plus petit et du reste.

Donc tout antécédent équivaut à son conséquent plus la raison.

Or, la somme des extrêmes et celle des moyens se composent chacune d'un antécédent et d'un conséquent pris qui dans l'un et qui dans l'autre des rapports qui constituent la proportion.

Donc toutes deux ont pour conformation la somme des deux conséquents, alternativement comme termes de la proportion d'une part, et comme parties d'antécédents de l'autre, plus la raison, partie complétive de ces derniers.

D'ailleurs la raison est constante dans les deux rapports.

Donc elles sont égales.

96. — *Valeur d'un terme quelconque de l'équidifférence en fonction des autres termes.*

Soit $a \cdot b : c \cdot d$, l'équi-différence donnée.

La somme des extrêmes et celle des moyens sont égales.

Donc $a + d = b + c$.

Mais des quantités égales diminuées d'une même quantité donnent des résultats égaux.

Donc $a = b + c - d$;....

— *Valeur d'une moyenne différentielle en fonction des extrêmes.*

La somme des extrêmes est égale à la somme des moyens. Or les moyens sont égaux. Donc la somme des extrêmes équivaut au double du terme moyen. Donc la moyenne demandée est égale à la demi-somme des extrêmes.

97. — *Quatre nombres étant tels que la somme des extrêmes est égale à celle des moyens constituent une équi-différence dans l'ordre donné.*

S'ils ne formaient pas une équi-différence, pour que les rapports devinssent égaux entre eux, il suffirait d'augmenter ou de diminuer l'un des termes d'une quantité suffisante.

Il y aurait alors équidifférence ; donc la somme des extrêmes et celle des moyens seraient égales.

Mais avant le changement cette condition existait pour les quatre nombres proposés.

Donc soit l'une soit l'autre somme des extrêmes ou des moyens, avant comme après le changement, serait constamment égale à l'autre.

On obtiendrait donc ainsi la partie égale au tout ; ce qui est absurde.

98. *Déterminer les changements que subit l'équi-différence sans être altérée.*

La somme des extrêmes égale à celles des moyens sur quatre nombres donnés détermine l'équidifférence.

Donc,

L'équidifférence $a \cdot b : c \cdot d$ ne sera pas altérée,

Par le changement de l'ordre seul :

Des extrêmes, ... — $d \cdot b : c \cdot a$,

Des moyens, ... — $a \cdot c : b \cdot d$,

Des extrêmes et des moyens, — $d \cdot c : b \cdot a$,

Des rapports, ... — $c \cdot d : a \cdot b$;

Par l'augmentation ou la diminution de l'un des extrêmes et de l'un des moyens d'une même quantité :

Soit des antécédents, — $a \pm n \cdot b : c \pm n \cdot d$,

Soit des conséquents, — $a \cdot b \pm n : c \cdot d \pm n$,

Soit des deux premiers termes, — $a \pm n \cdot b \pm n : c \cdot d$,

Soit des deux derniers , — $a \cdot b : c \pm n \cdot d \pm n$.

Ces deux dernières considérations ont aussi pour origine la propriété exprimée sur le rapport.

2.º PROPORTIONS,

99. — *Dans toute proportion le produit des extrêmes est égal à celui des moyens.*

1.º Considérant le rapport comme le quotient de deux quantités.

Le dividende est le produit du diviseur par le quotient.

Donc tout antécédent est égal au produit de son conséquent par la raison. Mais, le produit des extrêmes et celui des moyens se composent chacun d'un antécédent et d'un conséquent comme facteurs pris qui dans l'un qui dans l'autre des rapports constitutifs de la proportion.

Donc tous deux ont pour conformation le produit des deux conséquents, alternativement comme termes de la proportion d'une part et comme parties d'antécédents de l'autre, et de la raison, partie complétive de ces derniers.

Or, la raison est constante dans les deux rapports.

D'ailleurs deux produits de mêmes facteurs quel que soit l'ordre de leur énonciation sont égaux.

Donc le produit des extrêmes et celui des moyens sont égaux.

2.º Considérant le rapport comme équivalent à la fraction.

Soit $a : b :: c : d$, la proportion donnée.

La proportion est l'expression de l'égalité de deux rapports ; donc $\dfrac{a}{b} = \dfrac{c}{d}$.

Or, en multipliant les deux termes d'une fraction par une même quantité, la fraction demeure constante ; donc $\dfrac{ad}{bd} = \dfrac{cb}{db}$.

Mais des quantités égales multipliées par des quantités égales donnent des résultats égaux ; donc $ad = cb$.

100. — *Valeur d'un terme quelconque de la proportion en fonction des autres termes.*

Soit $a : b :: c : d$, la proportion donnée.

Le produit des extrêmes est égal à celui des moyens ;
donc $ad = bc$.

Mais des quantités égales divisées par une même quantité
donnent des résultats égaux ; donc $a = \dfrac{bc}{d}$;...

— *Valeur d'une moyenne proportionnelle en fonction des*
extrêmes.

Le produit des extrêmes est égal à celui des moyens. Or
les moyens sont égaux. Donc le produit des extrêmes équivaut au carré du terme moyen. Donc la moyenne demandée
équivaut à la racine carrée du produit des extrêmes.

101. — *Quatre nombres étant tels que le produit des extrêmes*
est égal à celui des moyens constituent une proportion
dans l'ordre donné.

1.º Au point de vue de la division.

S'ils ne formaient pas une proportion, pour que les rapports devinssent égaux, il suffirait d'augmenter ou de diminuer l'un des termes d'une quantité suffisante.

Il y aurait alors proportion ; donc le produit des extrêmes
et celui des moyens seraient égaux.

Mais avant le changement cette condition existait pour
les quatre nombres proposés.

Donc soit l'un soit l'autre produit des extrêmes ou des
moyens, avant comme après le changement, serait égal à
l'autre.

Deux multiplicandes différents par un même multiplicateur donneraient donc un produit commun ; ce qui est absurde.

2.º Au point de vue de la fraction.

Or, $ad = cb$.

Mais deux quantités égales divisées par une même quan-
tité donnent des résultats égaux ; donc $\dfrac{ad}{db} = \dfrac{cb}{db}$.

D'ailleurs la quantité multipliée et divisée tout à la fois
par une même quantité n'est pas changée ; donc $\dfrac{a}{b} = \dfrac{c}{d}$.

Et comme la proportion est l'expression de l'égalité de
deux rapports on obtient enfin $a:b::c:d$.

102. — *Déterminer les changements que subit la proportion*
sans être altérée.

Le produit des extrêmes égal à celui des moyens sur quatre nombres donnés détermine la proportion.

Donc,

La proportion $a:b::c:d$ ne sera pas altérée,

Par le changement de l'ordre seul :

Des extrêmes, — $d:b::c:a$,

Des moyens, — $a:c::d:b$,

Des extrêmes et des moyens , — $d:c::b:a$,
Des rapports, ... — $c:d::a:b$;
Par la multiplication ou la division de l'un des extrêmes et de l'un des moyens par une même quantité :

Soit des antécédents , — $an:b::cn:d,$ — $\dfrac{a}{n}:b::\dfrac{c}{n}:d$,

Soit des conséquents, — $a:bn::c:dn,::a:\dfrac{b}{n}::c:\dfrac{d}{n}$,

Soit des deux premiers termes, — $an:bn::c:d,$ — $\dfrac{a}{n}:\dfrac{b}{n}::c:d$,

Soit des deux derniers , — $a:b::cn:dn,$ — $a:b::\dfrac{c}{n}:\dfrac{d}{n}$.

Ces deux dernières considérations ont aussi pour origine la propriété exprimée sur le rapport.

103. — *Faire évanouir les dénominateurs qui se rencontrent dans les termes de la proportion.*

Que l'on ait $\dfrac{a}{b}:\dfrac{c}{d}::\dfrac{e}{f}:\dfrac{g}{h}$,

En multipltant les antécédents par bf, puis les conséquents par dh, on obtiendra,

D'une part, $af:\dfrac{c}{d}::eb:\dfrac{g}{h}$,

De l'autre , $af:ch::eb:gd$.

104. — Or, deux quantités égales chacune à une troisième sont égales entre elles.

Donc,
Quand deux proportions ont un rapport commun, les deux autres rapports forment une proportion.

105. — *Lorsque deux proportions ont les mêmes antécédents, et les mêmes conséquents, les autres forment une proportion.*

Soient données $a:b::c:d$,
et $a:e::c:f$,
On obtient en intervertissant les moyens,
$a:c::b:d$,
$a:c::e:f$.
Mais ces proportions ont le rapport commun $a:c$; donc les deux autres rapports forment la proportion ,
$b:d::e:f$.
La seconde partie est semblable à la première.

106. — Le dividende contient le diviseur autant de fois qu'il y a d'unité dans le quotient.

Donc augmenter ou diminuer chaque antécédent du conséquent d'une proportion, qui les représente, c'est augmenter ou diminuer d'une unité chacun des deux rapports. Or , ils sont primitivement égaux, et après le changement effectué, augmentés ou diminués chacun d'une unité ; donc alors ils sont encore égaux.

Donc de $a : b :: c : d$,

On obtiendra $a \pm b : b :: c \pm d : d$.

Donc, — *La somme ou la différence des deux premiers termes est au second terme, comme la somme ou la différence des deux derniers est au quatrième.*

107. — Or, en intervertissant l'ordre des moyens,

1.º Dans $a \pm b : b :: c \pm d : d$,

On obtient $a \pm b : c \pm d :: b : d$.

Donc, — *La somme ou la différence des deux premiers termes est à la somme ou à la différence des deux derniers, comme le second est au quatrième.*

108. — 2.º Dans $a : b :: c : d$,

On a $a : c :: b : d$.

Mais $a \pm b : c \pm d :: b : d$.

Donc, à cause du rapport commun, $a \pm b : c \pm d :: a : c$.

Donc, — *La somme ou la différence des deux premiers termes est à la somme ou la différence des deux derniers, comme le premier est au troisième.*

109. — Donc, de $a \pm b : c \mp d :: b : d$, et de $a \pm b : c \pm d :: a : c$,

On a $a \pm b : c \pm d :: a : c :: b : d$,

La somme ou la différence ou deux premiers termes est à la somme ou la différence des deux derniers, comme le premier est au troisième et comme le second est au quatrième.

110. — Mais de $a \pm b : c \pm d :: a : c :: b : d$,

$a + b : c + d :: a : c$,

Et $a - b : c - d :: a : e$.

Donc, à cause du rapport commun,

$a + b : c + d :: a - b : c - d$.

Donc, — *La somme des deux premiers termes est à la somme des deux derniers comme la différence des deux premiers est à la différence des deux derniers.*

111. — De $a + b : c + d :: a - b : c - d$,

On obtient, par le changement de place des moyens, $a + b : a - b :: c + d : c - d$.

Donc, — *La somme des deux premiers termes est à leur différence, comme la somme des deux derniers est à leur différence.*

112. — De $a : b :: c : d$,

On a en intervertissant l'ordre des moyens $a : c :: b : d$,

Mais la somme ou la différence des deux premiers termes est à la somme ou à la différence des deux derniers, comme le premier est au troisième, comme le second est au quatrième.

Donc $a \pm c : b \pm d :: a : b :: c : d$.

Donc, — *La somme ou la différence des antécédents est à la*

*somme ou la différence des conséquents comme un antécé-
dent est à son conséquent.*

113. — De $a \pm c : b \pm d :: a : b :: c : d,$
$$a + c : b + d :: a : b,$$
et $a - c : b - d :: a : b,$

Donc, par suite du rapport commun,
$$a + c : b + d :: a - c : b - d.$$

*Donc, — La somme des antécédents est à la somme des
conséquents, comme la différence des antécédents est à la
différence des conséquents.*

114. — Soit donnée la suite de rapports égaux $\dfrac{a}{b} = \dfrac{c}{d} = \dfrac{e}{f}$,

On obtient d'abord $a : b :: c : d.$

Mais la somme des antécédents est à la somme des conséquents comme un antécédent est à son conséquent.

Donc $a + c : b + d :: c : d.$

Or $\dfrac{c}{d} = \dfrac{e}{f}$; donc $c : d :: e : f.$

Donc, en raison du rapport commun, $a + c : b + d :: e : f,$

D'où considérant entre elles la somme des antécédents à
la somme des conséquents comme un antécédent est à son
conséquent,
$$a + c + e : b + d + f :: e : f.$$
Donc enfin comme $e : f :: c : d :: a : b,$

On obtient $a + c + e : b + d + f :: e : f :: c : d :: a : b.$

*Donc, — Dans une suite de rapports égaux, la somme d'un
certain nombre d'antécédents est à la somme de leurs conséquents, comme un antécédent quelconque est à son conséquent.*

115. — *Les produits de plusieurs proportions multipliées
entre elles terme à terme forment une proportion.*

Soient $a : b :: c : d, — e : f :: g : h, — i : j :: k : l,$ les
proportions données.

Le produit des extrêmes est égal à celui des moyens.

Donc $a \times d = b \times c, e \times h = f \times g$ et $i \times l = j \times k.$

Or, des quantités égales multipliées par des quantités
égales donnent des résultats égaux.

Donc $(a \times d) \times (e \times h) \times (i \times l) = (b \times c) \times (f \times g) \times (j \times k).$

Mais comme multiplier un nombre par un produit c'est le
multiplier successivement par les facteurs de ce produit, et
que le produit ne change pas en intervertissant l'ordre des
facteurs, on obtient alternativement :

D'abord, $(a \times d) \times e \times h \times i \times l = (b \times c) \times f \times g \times j \times k,$

Puis, $e \times h \times i \times l \times (a \times d) = f \times g \times j \times k \times (b \times c),$

Ensuite, $e \times h \times i \times l \times a \times d = f \times g \times j \times k \times b \times c,$

Enfin , $a \times e \times i \times d \times h \times l = b \times f \times j \times c \times g \times k.$

D'ailleurs, multiplier nn nombre par les facteurs d'un produit c'est le multiplier par le produit.

Donc $a \times e \times i \times d \times h \times l = (a \times e \times i) \times (d \times h \times l)$,
et $b \times f \times j \times c \times g \times k = (b \times f \times j) \times (c \times g \times k)$.

Donc $(a \times e \times i) \times (d \times h \times l) = (b \times f \times j) \times (c \times g \times k)$.

Maintenant, lorsque quatre nombres sont tels que le produit des extrêmes est égal à celui des moyens, ces nombres constituent une proportion.

Donc $a \times e \times i : b \times f \times j :: c \times g \times k : d \times h \times l$.

Semblablement,

1.º *Les puissances et les racines semblables de quantités en proportion sont en proportion.*

2.º *Les quotients de plusieurs proportions divisées terme à terme forment une proposition.*

EXERCICES.

Effectuer les démonstrations sur des nombres.

PROGRESSIONS.

CARACTÈRE GÉNÉRAUX.

116. — *Origine de la progression ; — Progression, — Raison de la progression, — Son double caractère ; — Les deux sortes de progressions.*

Uue suite de rapports égaux dont chaque terme est une moyenne différentielle ou proportionnelle entre celui qui précède et celui qui suit, constitue une progression.

Or, tout terme est égal ou à celui qui précède plus la raison ou au produit de celui-là par celle-ci.

On appelle Progression une suite de nombres soumis entre eux à un rapport constant.

Ce rapport est donc la raison de la progression.

Eu égard à son caractère additif ou soustractif, la quantité à ajouter à une autre quantité, détermine une somme ou plus grande ou plus petite que cette quantité de la quantité complétive, — et le produit est plus grand ou plus petit que le multiplicande selon que le multiplicateur est plus grand ou plus petit que l'unité.

Donc, suivant que le rapport est positif ou négatif d'une part, entier ou fraction de l'autre, la progression est nécessairement croissante ou décroissante..

Mais, si l'on a $- a \cdot b : b \cdot c$ ou $- a : b :: b : c$, on obtiendra par le déplacement des extrêmes $- c \cdot b : b \cdot a$ — et $c : b :: b : a$.

Donc, toute progression croissante ou décroissante est à la fois décroissante ou croissante et cela dépend seul de l'ordre dans lequel on la considère.

La nature du rapport détermine la nature de la progression : la progression est donc arithmétique ou géométrique.

PROGRESSIONS ARITHMÉTIQUES.

CARACTÈRES ET PROPRIÉTÉS.

117. — *Progression arithmétique. — Son objet. — Sa représentation. — Valeur d'un terme quelconque.*

On appelle Progression par Différence ou Arithmétique une suite de nombres tels que chacun d'eux surpasse celui qui précède ou en est surpassé d'une quantité constante, la raison de la progression.

Suite de rapports arithmétiques égaux,

1.º Elle consiste dans $— a \cdot b : b \cdot c : c \cdot d \ldots$

2.º Elle se représente $— \div a \cdot b \cdot c \cdot d \ldots$

3.º Le premier terme étant a, le deuxième est $a \pm r$, ou $a \pm r \times (2 — 1)$, le troisième, $a \pm r \pm r$ ou $a \pm r \times (3 — 1)$, le quatrième, $a \pm r \times (3 — 1) \pm r$ ou $a \pm r \times (4 — 1) \ldots$ tout terme $l, = a \pm r \times (n — 1)$.

Donc, — Tout terme de la progression arithmétique équivaut au premier plus ou moins la raison multipliée par le nombre de termes de la progression moins un.

118. — *Déterminer le 15.º terme de la progression arithmétique $\div 8 \cdot 13 \cdot 18 \ldots$*

$$l = a + r \times (n — 1).$$

Or, $a = 8$, $r = 13 — 8$ ou 5 et $n = 15$.

Donc le terme demandé équivaut à $8 + 5 \times (15 — 1)$ ou 78.

119. — *Valeur de r en fonction de a, l, n.*

$l = a + r (n — 1)$; donc $l — a$ se compose de $r \times (n — 1)$; donc $r = \dfrac{l — a}{n — 1}$.

120. — *Insérer entre deux nombres donnés un nombre quelconque de moyens différentiels.*

Que 7 et 40 soient les nombres proposés entre lesquels il s'agisse d'insérer 10 moyens différentiels. Ce sera former une progression par différence de douze termes, dont 7 et 40 expriment les extrêmes.

$$r = \frac{l — a}{n — 1}.$$

Or, $a = 7$, $l = 40$, et $n = 12$.

Donc la raison de la progression à déterminer est égale à $\dfrac{40 — 7}{12 — 1}$ ou 3.

Donc chaque terme surpasse celui qui précède de 3.

Donc les termes de cette progression seront successivement :

$7, 7 + 3$ ou $10, 10 + 3$ ou $13, \ldots 37 + 3$ ou 40.

**121. — *Si entre tous les termes d'une progression par diffé-
rence on insère le même nombre de moyens différentiels,
l'ensemble de toutes les progressions partielles constituera
une seule et même progression.***

Termes de la même progression, les extrêmes des progressions partielles diffèrent de l'un à l'autre de la même
quantité ; or, on insère entre eux le même nombre de
moyens ; donc $r, = \dfrac{l - a}{n - 1}$, est constant dans chacune
d'elles. Mais tout extrême est à la fois dernier et premier
terme de deux de ces progressions qui se suivent. Il y a
donc continuité parfaite dans la relation de tous les termes
entre eux.

122. — *Suivant que le premier terme est zéro ou non,*

*La suite des termes d'une progression arithmétique consi-
dérée indéfiniment,*

1.º *Est l'expression de tous les multiples consécutifs de
la raison, ou non ;*

2.º *Est telle que la somme de plusieurs de ses termes constitue le terme quelconque de la progression, ou non.*

$l = a + r \, (n - 1)$; donc tout terme de la progression est
un multiple $n - 1$ de $r, + a$.

Mais chaque terme est équivalent à celui qui précède, $+ r$;
donc la suite des termes de la progression est l'expression
de tous les multiples consécutifs de $r, + a$.

Or $a = o$; c'est la première partie démontrée.

D'ailleurs, la somme de plusieurs multiples d'un nombre,
$r \, (n' - 1) + r \, (n'' - 1) \ldots, = r \, (n' - 1 + n'' - 1 \ldots)$ ou
$r \, (n' + n'' \ldots - 1 - 1 \ldots)$.

Donc cette somme exprimera le multiple $n' + n'' \ldots - 1 - 1 \ldots$
de r, le terme $n' + n'' \ldots - 1 - 1 \ldots + 1$ de la progression.

C'est la seconde partie.

Serait-il possible maintenant que a différent de o (zéro),
conduisît aux mêmes résultats ?

La somme de plusieurs termes d'une progression, $a + r$
$(n' - 1) + a + r \, (n'' 1) \ldots, = a + a \ldots + r \, (n' + n'' \ldots - 1 - 1 \ldots)$
ne saurait être un multiple de r, sans quoi, après avoir re-
tranché de cette quantité un certain nombre de r, on aurait
pour reste zéro, le premier terme de la progression, ce qui
est contraire à l'hypothèse.

**123. — *Dans toute progression par différence, la somme de
deux termes équidistants des extrêmes est égale à celle des
extrêmes.***

Chaque terme est égal à celui qui précède plus la raison.
Or la distance des moyens aux extrêmes est constante.
Donc le premier moyen et le second extrême surpassent

respectivement le premier extrême et le second moyen de la même quantité de fois la raison.

Il y a donc équidifférence.

Donc la somme des moyens est égale à celle des extrêmes.

124. — *Calculer la somme des termes d'une progression par différence.*

La somme des extrêmes est égale à celle des moyens pris a égale distance des extrêmes.

Mais les moyens pris à égale distance des extrêmes viennent deux par deux successivement, pris l'un d'un côté, l'autre de l'autre de la progression, jusqu'à son milieu où tous les termes sont épuisés.

Donc, dans toute progression, il y a autant de fois la somme des extrêmes qu'il y a de fois deux termes.

Donc $s = (a+l)\,\dfrac{n}{2}$.

Ainsi la somme des termes de la progression, — $\div$ 2. 5. 8. 11. 14. 17 20. 23. 26, équivaut à $(2+26)\times\dfrac{9}{2} = 126$.

125. — *Propriétés de la suite non interrompue des nombres impairs et commençant à l'origine.*

Multiples successifs de 2 dans la suite naturelle des nombres, les nombres pairs viennent de deux en deux. Mais tout nombre impair est égal à un nombre pair $+ 1$; donc ils viennent successivement aussi de 2 en 2 ; donc la suite des nombres impairs constitue une progression arithmétique indéfinie, dont la raison est 2.

Qu'elle soit limitée.

Le dernier terme équivaudra à $1+2\,(n-1) = 2n-1$;

Et la somme des extrêmes sera $1+2n-1$ ou $2n$.

Donc la somme des termes sera égale à $2n\left(\dfrac{n}{2}\right)=n^2$.

Donc, — *Une somme quelconque de termes de la suite non interrompue des nombres impairs commençant par l'unité est égale au carré du nombre des termes.*

Si le premier terme n'était pas l'unité, on obtiendrait une quantité $>2n\left(\dfrac{n}{2}\right)$, et la propriété ne saurait alors exister.

—Mais n est quelconque, il parcourt la suite indéfinie des nombres de la progression ; donc n^2 est l'expression du carré de tout nombre ; et comme il est similaire en égalité à toute somme successive des termes, il advient que —

Les sommes successives des termes de la suite non interrompue des nombres impairs commençant par l'unité, expriment les carrés de tous les nombres considérés dans leur suite naturelle.

7.*

— De $l=a+r(n-1)$ on obtient $l=1+2(n-1)$; d'où $\dfrac{l-1}{2}=n-1$. Donc la moitié d'un terme —1 est l'expression de l'ordre du terme qui le précède.

Si donc t^2 désigne un terme quelconque de la progression, le nombre des termes précédents sera $\dfrac{t^2-1}{2}$, et comme la somme des termes équivaut au carré du nombre des termes, $\left(\dfrac{t^2-1}{2}\right)^2$, exprimera la somme des termes précédant t^2.

Mais la somme des termes de la progression détermine le carré d'un nombre.

Donc $\left(\dfrac{t^2-1}{2}\right)^2$ et $\left(\dfrac{t^2-1}{2}\right)^2+t^2, = \left(\dfrac{t^2+1}{2}\right)^2$, sont des carrés.

Si donc t^2 est un carré $\left(\dfrac{t^2-1}{2}\right)^2$ carré est la somme des deux carrés, $\left(\dfrac{t^2-1}{2}\right)^2$ et t^2.

Donc, — *Quand l'un des termes de la progression est un carré, la somme des termes est un carré composé de deux carrés.*

EXERCICES.

Trois des termes a , l , r , n , s *étant donnés, déterminer les deux autres.*

XXII.

PROGRESSIONS GÉOMÉTRIQUES.

CARACTÈRES ET PROPIÉTÉS.

126. — *Progression géométrique.* — *Son objet.* — *Sa représentation.* — *Valeur d'un terme quelconque.*

On appelle Progression par Quotient ou Géométrique une suite de nombres tels que chacun d'eux est égal à celui qui le précède multiplié par une quantité constante qui est la raison de la progression.

Suite de rapports géométriques égaux,

1.º Elle consiste dans — $a : b :: b : c :: c : d\ldots$
2.º Elle se représente — $\div a : b : c : d\ldots$
3.º Le 1.ᵉʳ terme étant a, le 2.ᵉ est $a\times q^{2-1}$, le 3.ᵉ, $a\times q\times q$ ou $a \times q^{3-1}$, le 4.ᵉ, $a \times q^2 \times q$ ou $a\times q^{4-1}\ldots$ tout terme $l=q^{n-1}$.

Donc tout terme de la progression géométrique est égal au premier multiplié par la raison élevée à la puissance égale au nombre des termes moins un de la progression.

127. — *Déterminer le 6.ᵉ terme de la progression ÷ 7 : 21 : 63 : ...*

$l = a\,q^{n-1}$.

Or, $a = 7$, $q = \dfrac{21}{7}$ ou 3 et $n = 6$.

Donc le terme demandé équivaut à $7 \times 3^{6-1} = 1701$.

128. — *Valeur de q en fonction de a, l, n.*

$l = aq^{n-1}$; donc $\dfrac{l}{a}$ contient encore q^{n-1}; d'où $q = \sqrt[n-1]{\dfrac{l}{a}}$.

129. — *Insérer entre deux nombres donnés un nombre quelconque de moyens proportionnels.*

Que 2 et 1458 soient les nombres proposés entre lesquels il s'agisse d'insérer cinq moyens proportionnels.

Ce sera former une progression par quotient de sept termes dont 2 et 1458 sont les extrêmes.

$$q = \sqrt[n-1]{\dfrac{l}{a}}.$$

Or $a = 2$, $l = 1458$, et $n = 7$.

Donc la raison à déterminer est égale à $\sqrt[7-1]{\dfrac{1458}{2}} = 3$.

Donc chaque terme est égal à celui qui précède multiplié par 3.

Donc les termes de la progression seront successivement :
2, 2×3 ou 6, 6×3 ou 18..., 486×3 ou 1458.

130. — *Si entre les termes d'une progression par quotient on insère le même nombre de moyens proportionnels, l'ensemble de toutes les progressions partielles constituera une seule et même progression.*

Termes de la même progression, les extrêmes des progressions partielles sont de l'un à l'autre, l'un étant donné, l'autre, son produit par la raison; or, on insère entre eux le même nombre de moyens; donc $q, = \sqrt[n-1]{\dfrac{l}{a}}$, est constant dans chacune d'elles. Mais tout extrême est à la fois dernier et premier terme de deux de ces progressions qui se suivent. Il y a donc continuité parfaite dans la relation de tous les termes entre eux.

131. — *Suivant que le premier terme est l'unité ou non,*

La suite des termes d'une progression géométrique considérée indéfiniment,

1.° Est l'expression de toutes les puissances consécutives de la raison, ou non;

2.° Est telle que le produit de plusieurs de ses termes constitue le terme quelconque de la progression, ou non.

$l = aq^{n-1}$; donc tout terme de la progression est une puissance $n-1$ de q, $\times a$.

Mais chaque terme est équivalent à celui qui précède, $\times q$; donc la suite des termes de la progression est l'expression de toutes les puissances consécutives de q, $\times a$.

Or, $a = 1$; c'est la première partie démontrée.

D'ailleurs le produit de plusieurs puissances d'un nombre $q^{n'-1}$, $q^{n''-1}\dots$, $= q^{n'+n''\dots-1-1\dots}$

Donc ce produit exprimera la puissance $n'+n''\dots-1-1\dots$ de q, le terme $n'+n''\dots-1-1\dots+1$ de la progression.

C'est la seconde partie.

Serait-il possible maintenant que a différent de 1 conduisît aux mêmes résultats ?

Le produit de plusieurs termes d'une progression, $aq^{n'-1}\times aq^{n''-1}\dots$, $= a^{1+1\dots}\, q^{n'+n''\dots-1-1\dots}$ ne saurait être une puissance parfaite de q, sans quoi, après avoir divisé cette quantité un nombre suffisant de fois par q, on aurait pour reste l'unité, le premier terme de la progression ; ce qui est contraire à l'hypothèse.

132. — *Dans toute progression par quotient, le produit de deux termes équidistants des extrêmes est égal à celui des extrêmes.*

Chaque terme est égal à celui qui précède, $\times$ la raison.

Or, la distance des moyens aux extrêmes est constante.

Donc le premier moyen et le second extrême sont respectivement égaux au premier extrême et au second moyen multipliés par la même puissance de la raison.

Il y a donc proportion.

Donc le produit des moyens est égal à celui des extrêmes.

133. — *Former le produit de tous les termes d'une progression par quotient.*

Le produit des extrêmes est égal à celui des moyens pris à égale distance des extrêmes.

Mais les moyens pris à égale distance des extrêmes viennent deux par deux successivement pris l'un d'un côté, l'autre de l'autre de la progression, jusqu'à son milieu où tous les termes sont épuisés.

Donc, dans toute progression, il y a autant de fois le produit des extrêmes qu'il y a de fois deux termes.

Donc le produit de tous les termes entre eux reviendra au produit de $a\,l$ par lui-même autant de fois qu'il y a d'unités dans $\frac{n}{2}$.

Donc $P = \left(a\,l\right)^{\frac{n}{2}}$.

Or, $\left(a\,l^{\frac{n}{2}}\right)^{2} = a l^{n}$.

Donc $P^{2} = a\,l^{n}$.

Donc $P = \sqrt{a\,l^{n}}$.

134. — *Calculer la somme des termes d'une progression par quotient.*

Soit donnée la progression $\div a : b : c : d : e : f : g : h : i : j : k : l$.

Le produit de ses termes par la raison sera la progression $\div b : c : d : e : f : g : h : i : j : k : l : l \times q$.

Donc leur différence $l\,q - a$ ou $a - l\,q$, suivant que la progression proposée est croissante ou décroissante, sera composée de $s \times (q - 1)$ ou de $s \times (1 - q)$.

Ainsi l'on a $s = \dfrac{l\,q - a}{q - 1}$, si elle est croissante,

et $s = \dfrac{a - l\,q}{1 - q}$, si elle est décroissante.

Cela posé,

La somme des termes de la progression $\div 6 : 18 : 54 : 162 : 486$ équivaut à $\dfrac{486 \times 3 - 6}{3 - 1} = 726$;

Et celle de la progression $\div 486 : 162 : 54 : 18 : 6$,

à $\dfrac{486 - 6 \times \frac{1}{3}}{1 - \frac{1}{3}} = 726$.

135. — *Valeur de la somme des termes d'une progression décroissante indéfinie par quotient.*

Dans la suite indéfinie des termes, on peut prendre l aussi loin que l'on voudra et par suite aussi petite qu'il est possible de le concevoir. Mais q est une fraction ; donc alors $l\,q$ sera encore inférieur à l. Donc $\dfrac{a - lq}{1 - q}$ différera d'aussi peu qu'il conviendra de $\dfrac{a}{1 - q}$. Ainsi $\dfrac{a}{1 - q}$ peut être considéré comme l'expression de la somme des termes dont il s'agit.

Donc, la fraction décimale périodique $0{,}25\,25\,25\ldots$ qui se compose de $0{,}25, 0{,}0025, 0{,}000025\ldots$, fractions de 100 en 100 fois plus petites, et constituant par conséquent une progression par quotient, décroissante à l'infini, dont le premier terme est $0{,}25$ et la raison $0{,}01$, équivaudra à $\dfrac{0{,}25}{1 - 0{,}01} = \dfrac{0{,}25}{0{,}99} = \dfrac{25}{99}$; comme il a été trouvé aux conversions.

EXERCICES.

Trois des termes a, l, q, n, s étant donnés, trouver les deux autres.

LOGARITHMES.

CARACTÈRES ET PROPRIÉTÉS.

136. — *Origine des Logarithmes. — Logarithmes. — Logarithme d'un nombre ; — Sa représentation. — Propriétés. —*

Système de Logarithmes. — Base. — Conséquence. — Système en usage.

Deux progressions indéfinies étant données, l'une par différence et l'autre par quotient, la première ayant pour premier terme zéro, la seconde, l'unité, pris pour se correspondre dans les deux progressions, — que ces progressions soient d'ailleurs quelconques.—

Elles expriment successivement, l'une tous les multiples de la raison, l'autre toutes les puissances.

Donc, tout multiple n^e et toute puissanec n^e de la raison se correspondent dans les progressions données.

Il y a donc une relation constante des uns aux autres.

Les termes de la progression par différence sont appelés chacun à chacun les Logarithmes des termes de la progression par quotient.

Logarithme signifie raison du nombre.

Ainsi,

On appelle Logarithmes une suite indéfinie de nombres en progression par différence commençant par zéro, qui correspondent terme pour terme à une pareille suite de nombres en progression par quotient commençant par l'unité.

Donc, — *Le Logarithme d'un nombre est le terme de la progression par différence qui correspond au nombre que l'on considère dans la progression par quotient.*

Le logarithme de a se représente isolément : log. a.

Or, $n'+n''...—1—1...+1$ est l'expression du terme de la progression, soit de la somme, soit du produit de termes correspondants $n'+n''...$

Donc, — *Le logarithme d'un produit de plusieurs facteurs est égal à la somme des Logarithmes de ces facteurs.*

Donc, — 1.º Comme le dividende est le produit du diviseur par le quotient,

Le logarithme du quotient de deux nombres est égal au logarithme du dividende moins celui du diviseur.

2.º Comme la puissance d'un nombre n'est autre chose que le produit d'autant de facteurs égaux qu'il y a d'unités dans l'exposant de la puissance,

Le logarithme de la puissance d'un nombre est égal au logarithme de ce nombre, multiplié par l'exposant de la puissance.

3.º Comme tout nombre est la puissance n^e de sa racine,

Le logarithme de la racine d'un nombre est égal au logarith de ce nombre divisé par l'indice de la racine.

L'ensemble des termes correspondants de deux progressions, l'une arithmétique commençant par zéro, l'autre géométrique commençant par l'unité, constitue un Systême quelconque de logarithmes.

Il se détermine par la base.

Le nombre qui, dans un système de logarithmes, a pour logarithme l'unité, se nomme Base de ce système.

1 et n, nombres, correspondant chacun à chacun à 0 ou 1, logarithmes, expriment nécessairement la détermination du système.

Donc,

Tout nombre peut avoir une infinité de logarithmes.

Le système en usage est celui dont la base est 10. Ainsi il a pour éléments les progressions correspondantes :

$$\div 1 : 10 : 100 : 1000 : \ldots$$

$$\div 0 . 1 . 2 . 3 . \ldots$$

137. — *Détermination des Logarithmes*.

Que l'on conçoive insérés entre chacun des termes des progressions données un nombre infini mais égal de moyens proportionnels d'une part et différentiels de l'autre.

Ces termes constitueront deux nouvelles progressions exprimant, sinon exactement, du moins avec tel degré d'approximation que l'on voudra, la première, toutes les nuances de la grandeur, et la seconde, les logarithmes de chacune des quantités qu'elles représentent.

Mais la fraction, expression de la division de l'un de ses termes par l'autre, s'assimile aux nombres entiers.

D'ailleurs les progressions données pourraient être aussi considérées décroissantes et infinies dans leur suite rétrograde :

$$\ldots \frac{1}{1000} : \frac{1}{100} : \frac{1}{10} : 1 \ldots,$$

$$\ldots -3 . -2 . -1 . 0 \ldots;$$

et comme il y a continuité de moyens, les propriétés sont constantes dans l'exposition entière.

Donc par l'insertion suffisante de moyens on obtiendrait non-seulement toutes les nuances de la grandeur surpassant l'unité, mais encore toutes les nuances inférieures.

Or, les termes de la progression définitive par quotient ne comprennent pas absolument la suite naturelle des nombres.

Qu'ils y soient contenus . 1, 2, 3 ... exprimeront chacun une puissance de la raison. Mais certains de ces nombres sont premiers, beaucoup encore ne constituent pas de puissances parfaites, et les autres, s'ils sont les puissances d'un nombre, en sont des puissances déterminées. D'ailleurs quand la puissance d'un nombre n'est pas entière elle est irrationnelle ; donc la plupart de ces quantités ne sont pas des puissances exactes de la raison.

Donc tous ne font point partie de la progression dont il s'agit.

D'autre part, les nombres et les logarithmes sont constants dans l'ordre de se correspondre.

Donc les logarithmes que l'on obtient ne sont pas exactement les logarithmes de la suite naturelle des nombres.

Donc les nombres dans leur suite naturelle sont considérés comme pris entre les deux termes de la progression par quotient qui en approchent le plus, et les logarithmes correspondants sont déterminés sur ceux des termes entre lesquels ils sont compris.

Déterminons maintenant les logarithmes de la suite naturelle des nombres à moins d'une unité donnée.

Limitons l'approximation aux centièmes.

Comme les logarithmes de ces nombres se déterminent sur l'appréciation de deux termes approchés, les termes entre eux ne sauraient être distincts de plus de $\frac{1}{100}$.

Que la raison soit $\frac{1}{100}$.

Or, $r = \frac{l-a}{n-1}$; donc comme produit divisé par l'un de ses facteurs, $n - 1 = \frac{l-a}{r}$; donc $n = \frac{l-a}{r} + 1$; donc en faisant la part des extrêmes posés, il y aura de termes à insérer entre chaque partie des progressions par différence de 0 à 1, de 1 à 2 ... $\frac{l-a}{r} + 1 - 2$ ou $\frac{1-0}{\frac{1}{100}} - 1 = 99$, et parsuite

comme les termes se correspondent dans les deux progressions, de 1 à 10 , de 10 à 100 ... dans la progression par quotient, le même nombre de moyens.

Effectuant donc ces insertions on obtiendra dans l'une des progressions les termes entre lesquels se trouvent 2 , 3 , 4 ... et dans l'autre les logarithmes correspondants, et delà les logarithmes de la suite naturelle des nombres.

138. — *Moyen particulier pour l'insertion des termes.*

Comme $r = \frac{l-a}{n-1}$ dans la progression arithmétique, il ne se présente alors aucune difficulté pour l'insertion des moyens. Mais q équivalant à $\sqrt[n-1]{\frac{l}{a}}$ dans les progressions géométriques, cette valeur nécessite pour la détermination des termes un travail laborieux d'extraction de racine.

Or, il suffit que la racine cherchée donne lieu à l'approximation demandée.

Donc toute racine qui conduira à une approximation soit égale soit plus grande satisfera à la question.

D'ailleurs l'extraction de la racine carrée est celle qui se pratique avec plus de facilité et toute extraction de racine d'un nombre dont l'indice de la racine à extraire est une puissance de 2 se réduit à une suite d'extractions de racines carrées.

Qu'il s'agisse d'obtenir les logarithmes à $\frac{1}{1000}$ près.

De $r = \frac{l-a}{n-1}$, on aura $n = \frac{l-a}{r} + 1$ ou $\frac{1-0}{\frac{1}{1000}} + 1 = 1001$

termes dans la progression de 0 à 1 et par suite de 1 à 10.

Mais $2^9 = 512$ et $2^{10} = 1024$.

Soit $1024 + 1$, le nombre de termes de la progression.

Comme on a $1025 > 1001$, ce nombre de termes donnera lieu à une approximation supérieure à celle qu'on exige.

Or alors $q = \sqrt[n-1]{\frac{10}{1}}$; donc $\sqrt[1024]{\frac{10}{1}}$ sera l'expression de la raison, et 10e puissance de 2, 1024 est l'énoncé de l'extraction de 10 racines carrées successives.

Donc s'obtiendront alternativement $\sqrt{\frac{10}{1}}$ ou $\sqrt{10} =$

$3,16\ldots$, $\sqrt{3,16\ldots}$ et ainsi de suite, en ayant soin qu'il y

ait un nombre suffisant de chiffres décimaux à la racine de manière à ne point altérer le résultat demandé.

Cela posé, on arrivera ainsi à la raison de la progression par quotient, et comme d'ailleurs $r = \frac{l-a}{n-1}$, $\frac{1-0}{1025-1}$ exprimera celle de la progression par différence ; et tontes deux conduiront à la composition des progressions et partant à la suite naturelle des nombres et à leurs logarithmes.

139. — *Déterminer directement le logarithme d'un nombre.*

Soit 3 le nombre proposé.

Pris entre 1 et 10, son logarithme est entre 0 et 1 ; ce logarithme est donc 0 ou 1 à moins d'une unité.

Mais $q = \sqrt[n-1]{\frac{l}{a}}$; donc $\sqrt{\frac{10}{1}}$ ou $\sqrt{10} = 3,16227\ldots$

est une moyenne proportionnelle entre 1 et 10.

D'ailleurs $r = \frac{l-a}{n-1}$; donc $\frac{1-0}{2} = \frac{1}{2}$ est une moyenne différentielle entre 0 et 1.

Donc $\frac{1}{2}$ ou 0,5 est le logarithme de $3,16227\ldots$

Or, 3 est compris entre 1 et $3,16227\ldots$, qui ont respectivement pour logarithmes 0 et 0,5 ; donc son logarithme est 0 ou 0,5 à moins de 0,5 près.

8.

Et ainsi de suite on arrivera à l'approximation demandée du logarithme dont il s'agit.

140. — *Les logarithmes des nombres premiers suffisent à la détermination des logarithmes de tout nombre.*

Tout nombre est susceptible de décomposition en ses facteurs premiers.

Or, le logarithme d'un produit est égal à la somme des logarithmes de ses facteurs.

Donc la somme des logarithmes des facteurs premiers d'un nombre constitue le logarithme du nombre.

141. — *Degré d'approximation des logarithmes composés.*

Que les logarithmes des nombres premiers ne soient calculés qu'à moins d'un centième, ceux des nombres composés par eux pourraient être fautifs de plus de $\dfrac{1}{100}$.

Or, on a $100 < 128 = 2^7$; donc tout nombre inférieur à 100 contient au plus 7 facteurs ; donc pour que le logarithme ne soit pas fautif de $\dfrac{1}{100}$, il faut que chacun d'eux ne le soit pas à $\dfrac{1}{7}$ de $\dfrac{1}{100}$.

142. — *Caractéristique.* — *Propriétés.* — *Table de logarithmes ;* — *Différence tabulaire.*

Les nombres qui existent entre 1 et 10, 10 et 100, 100 et 1000 ... ont respectivement pour logarithmes des quantités comprises entre 0 et 1, 1 et 2, 2 et 3... ; donc la quantité de chiffres des nombres et la quantité d'unités entières + 1 des logarithmes sont uniformes.

La partie entière + 1 d'un logarithme est donc la caractéristique du nombre des chiffres de la quantité correspondante.

— Si des nombres sont composés des mêmes chiffres écrits dans le même ordre, leurs logarithmes ont la même partie décimale et ne diffèrent que dans la caractéristique.

Que de deux nombres semblablement composés d'ailleurs l'un contienne deux chiffres entiers de plus que l'autre, le plus petit ×100 équivaudra au plus grand. Or le logarithme d'un produit est égal à la somme des logarithmes de ses facteurs ; donc le premier a pour logarithme la somme du logaritme du second + celui de 100 ou 2 unités. Donc la partie décimale est la même dans les logarithmes des deux nombres et leur différence ne consiste que dans celle de leurs caractéristiques.

— Considérant qu'entre 1000 et 10000 il y a de nombres, $10000 - 1000 = 9000$, qui en conséquence nécessitent pareil nombre de logarithmes entre les leurs 3 et 4, distincts de l'unité ; — que 100000 nombres donc répartis entre ces 9000 derniers diffèrent de l'un à l'autre, dans leur distinction, de 1 cent-millième, et ceux-là, par suite, d'un peu plus un peu moins de $\dfrac{100000}{9000} = \dfrac{100}{9} = 11, 1...$ cent-millièmes, suivant l'ordre déterminé par la suite naturelle des nombres, sur le parcours de l'unité :

Comme alors donc deux nombres distincts de l'unité ne sauraient donner guère plus de 11 cent-millièmes en différence de leurs logarithmes, et qu'un nombre pris à $\dfrac{1}{4}$, $\dfrac{1}{2}$ ... de leur différence ne pourrait donner encore que $\dfrac{1}{4}$ et $\dfrac{1}{2}$ ... du nombre de ces cent-millièmes ; d'où ces différences enfin se réduisent en réalité à l'approximative d'une simple fraction de cent-millième ;

On a posé que :

Les différences des nombres sont à moins de $\dfrac{1}{100000}$ près proportionnels à celles de leurs logarithmes, lorsque les différences des nombres ne surpassent pas l'unité, et que ces nombres sont plus grand que 1000.

— On appelle Table de logarithmes un tableau contenant successivement les logarithmes de la suite naturelle des nombres, avec leur différence, à l'aide desquels se détermine le logarithme de tout nombre.

Elle est nécessairement limitée.

Les logarithmes s'expriment en décimales.

La différence de deux logarithmes consécutifs exprimée sur les tables, s'appelle différence tabulaire.

DÉTERMINATION DES LOGARITHMES DES NOMBRES ET RÉCIPROQUEMENT.

QUE LA TABLE DE LOGARITHMES SOIT ARRÊTÉE A 10000.

143.—1.º *Un nombre étant donné déterminer son logarithme.*

— S'il est entier, — il sera $<ou>$ 10000.

Qu'il soit inférieur à 10000. — Prenons 9532.

Composé de quatre chiffres, sa caractéristique est 3 ; d'ailleurs il a pour partie décimale 97918.

Ainsi log. 9532 = 3,97918.

Qu'il soit supérieur à 10000. — Qu'il s'agisse du nombre 684257.

Il contient six chiffres, sa caractéristique est 5.

Mais de semblable composition 684257 et 6842,57 ont même partie décimale.

Or, 6842 donne 83518.

D'ailleurs, les différences des nombres >1000 , si elles ne sont pas supérieures à l'unité, sont à moins d'un cent-millième près proportionnelles à celles de leurs logarithmes.

Donc 1 (différence des deux nombres extrêmes 6843 — 6842) : 0,57 (différences des deux premiers nombres 6842,57 — 6842) :: 7 cent-millièmes (différence des logarithmes des deux nombres extrêmes) : x (différence des logarithmes des deux premiers).

D'où $x = 0,57 \times 7 = 3,99$ ou 4, différence des logarithmes de 6842 et 6842,57.

Ainsi la partie décimale sera $0,83518 + 4 = 0,83522$.

Donc log. $684257 = 5,83522$.

— *S'il est fractionnaire :*

Soit d'abord $8\,\dfrac{3}{4}$.

$8\,\dfrac{3}{4} = \dfrac{35}{4}$. Or, les termes de la fraction sont identiques à ceux de la division. D'ailleurs le logarithme du quotient est égal au logarithme du dividende moins celui du diviseur.

Donc log. $\dfrac{35}{4} = $ log. $35 -$ log. 4.

Mais log. $35 = 1,54407$ et log. $4 = 0,60206$.

Donc log. $8\,\dfrac{3}{4} = 1,54407 - 0,60206 = 0,94201$.

Soit ensuite 72,1367.

Il y a deux chiffres entiers et partant 1 pour caractéristique.

Semblablement composés 72,1367 et 7213,67 ont même partie décimale.

Or, 7213 donne 85812 et 0,67, et à cause de la propriété des différences, conduit à $0,67 \times 6 = 4,02$.

La partie décimale sera donc $85812 + 4 = 85816$.

Donc log. $72,1367 = 1,85816$.

— *Si le nombre est une fraction :*

Soit la fraction ordinaire $\dfrac{5}{6}$.

Les deux termes de la fraction sont identiques à ceux de la division, et le logarithme du quotient équivaut à la différence des logarithmes du dividende et du diviseur.

Or, log. $5 = 0,69897$ et log. $6 = 0,77815$.

Donc log. $\dfrac{5}{6} = 0,69897 - 0,77815 = \overline{1},92082$.

$\overline{1}$ exprime $- 1$. Ainsi $\overline{1},92082 = - 1 + 0,92082$.

Mais $0,77815 - 0,69897 = 0,07918$.

Donc $0,69897 - 0,77815 = 0,69897 - 0,69897 - 0,07918 = - 0,07918$.

Donc log. $\dfrac{5}{6} = - 0,07918$.

Soit la fraction décimale 0,025.

0,025 × 100 = 2,5.

Le produit est un dividende dont le diviseur et le quotient sont les deux facteurs.

D'ailleurs le logarithme du quotient est égal à la différence des logarithmes du dividende et du diviseur.

Donc log. 0,025 = log. 2,5 — log. 100.

Or, log. 2,5 a zéro pour caractéristique, et semblable à 25, même partie décimale que lui 39794 ; et log. 100 = 2.

Donc log. 0,025 = 0,39764 — 2 = $\overline{2}$,39794.

144. — *Déterminer le logarithme de la racine n.^{e} d'une fraction donnée.*

Soit $\sqrt[3]{\dfrac{215}{721367}}$.

Log. $\dfrac{215}{721367} = \overline{4},47428$.

Or, $\overline{4},47428 = -4 + 0,47428$.

Mais la différence de deux nombres ne change pas en les augmentant ou en les diminuant d'une même quantité.

Donc $\overline{4},47428 = -6 + 2,47428$.

Mais le logarithme de la racine d'un nombre est égal au logarithme de ce nombre divisé par l'indice de cette racine.

Donc log. $\sqrt[3]{\dfrac{215}{721867}} = \dfrac{-6 + 2,47428}{3} = \overline{2},82476$.

On a dû, pour opérer la division, compléter la quantité négative — 4 de — 2 et effectuer la compensation.

145. — 2.º *Un Logarithme étant donné trouver le nombre auquel il correspond.*

— *Qu'il soit compris dans les tables.*

Soit 2 , 56526 le logarithme proposé.

56526 partie décimale, correspond à 3675 dans la série de 1000 à 10000 ; et dans une série précédente, comme il y a beaucoup moins de nombres compris, il y aurait beaucoup moins de chance de le rencontrer exactement.

Or, des nombres semblablement composés ont la même partie décimale à leurs logarithmes.

D'ailleurs, la catéristique + 1 exprime le nombre des chiffres de la partie entière du nombre.

Mais dans le logarithme proposé la catéristique est 2.

Donc 2, 56526 = log. 367, 5.

— Prenant 56526 dans la série de 1 à 10, il correspond à une quantité comprise entre 36 et 37 ; l'exactitude se réduit donc alors à 3 centaines.

Pris dans la série de 100 à 1000, il correspond à une quantité comprise entre 367 et 368, et l'exactitude se réduit encore à 36 dizaines.

Il y a donc avantage à prendre 56526 dans la série de 1000 à 10000.

— *Qu'il ne soit pas compris dans les tables.*

Soit 5,85816 le logarithme donné.

85816 correspond à une quantité comprise entre 7213 et 7214, qui ont pour parties décimales de leurs logarithmes respectifs 85812 et 85818 ; donc le logarithme du nombre demandé diffère dans sa partie décimale de celui de 7213 de $85816 - 85812 = 4$ et $7214 - 7213 = 1$, de $85818 - 85812 = 6$.

Or, les différences des nombres >1000, si elles ne surpassent pas l'unité, sont à moins d'un cent-millième près proportionnelles à celles de leurs logarithmes.

Donc $1 : x :: 6 : 4$; d'où $x = \dfrac{4}{6} = 0,7$.

Donc 85816 correspond à 72137.

Mais des nombres semblablement composés ont même partie décimale à leurs logarithmes, et la caractéristique $+ 1$ exprime le nombre des chiffres de la partie entière du nombre.

Or, la caractéristique est 5.

Donc $5,85816 = \log. 721370$ à 1 dizaine près.

— *Si la caractéristique est négative.*

Soit $\overline{2}, 82476$, le logarithme donné.

La partie décimale 82476 logarithmique se rencontre avec la partie 66797. Mais sa caractéristique est -2 ; correspondant à $\dfrac{1}{100}$, le premier chiffre à gauche exprime donc des 100.es

Donc $\overline{2}, 82476 = \log. 0, 066797$.

— *Si le logarithme est entièrement négatif.*

Dans la progression géométrique un terme pris à égale distance de deux autres constitue entre eux une moyenne proportionnelle.

Soit 1 la moyenne proportionnelle, et $15\frac{3}{4}$ l'un des extrêmes, l'autre sera $\dfrac{1}{15\frac{3}{4}}$. Donc $15\frac{3}{4}$ occupera le même rang dans la partie ascendante que $\dfrac{1}{15\frac{3}{4}}$ dans la partie descendante ; donc leurs logarithmes sont égaux, mais de signes contraires.

Donc un logarithme négatif appartient à une fraction qui a l'unité pour numérateur et pour dénominateur le terme correspondant au logarithme donné, abstraction faite du signe moins.

Or, 3, 52572 = log. 33552.

Donc — 3, 52572 = log. $\dfrac{1}{3355,2} = \dfrac{10}{33552} = \dfrac{5}{16776}$.

146. — *Obtenir en décimales la valeur de la fraction correspondante.*

— 3, 52572 + 4 = 0, 47428 ,

Or, 0, 47428 = log. 2, 9804.

Mais 0, 47428 logarithme diffère de — 3, 52572 de 4 unités ; donc le nombre correspondant 2, 9804 est 10000 fois trop grand.

Donc — 3, 52572 = log. $\dfrac{2,9804}{10000}$ = 0, 00029804.

147. — *Obtenir en fraction ordinaire la valeur de la fraction correspondant à un logarithme dont la caractéristique est négative.*

$\overline{2}, 82476 = — 2 + 0, 82476 = — 1, 17524.$

Or, 1, 17524 = log. 14971.

Donc — 1, 17524 = log. $\dfrac{1}{14,971} = \dfrac{1000}{14971}$.

148. — *Emploi des compléments arithmétiques dans les Logarithmes.*

Or, pour soustraire un nombre d'un autre, on retranche de la somme du complément du premier nombre joint au second une unité de l'ordre de celle qui a donné le complément.

Soit donc proposé d'effectuer $\left(\dfrac{79}{376}\right)^3$.

Or, log. 79 = 1, 89763 ;

Et de log. 376 = 2, 57519 on obtient comp. log. 10 — 2, 57519 = 7, 42481.

Donc log. 79 + comp. log. 376 = 1, 89763 + 7, 42481 = 9, 32244.

Mais le logarithme de la puissance d'un nombre est égal au logarithme de ce nombre $\times$ l'exposant de la puissance.

Donc 9, 32244 $\times$ 3 = 27, 96732 est le logarithme de $\dfrac{79}{376}$ augmenté de 10 $\times$ 3 = 30 unités.

D'ailleurs, la partie décimale 96732 logarithmique correspond à 92751. Et comme la caractéristique est 27, le nombre correspondant à 27, 96732 aura 28 chiffres entiers, ce qui reviendra à ajouter de zéros à la droite de 92751, 28 — 5 = 23, ou à le multiplier par l'unité suivie de 23 zéros. D'autre part, 27, 96732 est trop grand de 30 unités ; donc le nombre correspondant est trop fort de 10^{30}; donc il le faudra diviser par l'unité suivie de 30 zéros.

Ainsi 92751 doit être multiplié d'une part par l'unité suivie de 23 zéros, de l'autre divisé par l'unité suivie de 30.

Donc sa valeur pour exprimer $\left(\dfrac{79}{376}\right)^3$ sera 92751 : 10000000, différence du multiplicateur et du diviseur.

Donc $\left(\dfrac{79}{376}\right)^3 = 0,0092751$.

EXERCICES.

Effectuer toute opération possible à l'aide des logarithmes.

FIN.

LES PRINCIPES DE L'ARITHMÉTIQUE,
Par LEROI-LERAILLÉ.

PROGRAMME.

PRÉLIMINAIRES.

MATHÉMATIQUES EN GÉNÉRAL.

Dimensions de l'Etendue.— Etendue. — Grandeur. — Mathématiques, — pures, — mixtes.

MATHÉMATIQUES PURES.

Objet des Mathématiques pures.—Calculer.—Deux sortes de calculs.—Mesurer.— Trois parties dans les Mathématiques pures. — Arithmétique.—Algèbre.—Leur différence.— Géométrie.

ARITHMÉTIQUE.

DIVISION DE L'ARITHMÉTIQUE.

Nombres abstraits, — Concrets.

NOMBRES ABSTRAITS.

PRINCIPES.

NOTIONS GÉNÉRALES.

I.

DÉTERMINATION DU NOMBRE.

1. — Evaluation de la grandeur, — Unité, — Nombre, — Les nombres sont infinis.

2. — Sortes de nombres; — Nombre entier, — Fraction, —

Fractionnaire; — Parties à considérer dans les nombres;
— Formation du nombre entier, — De la fraction; —
Nombre irrationnel.

II.

CARACTÈRES.

3. — Numération; — Système de Numération, — Base, —
Nature du système; — Numération parlée, — écrite.

4. — Combinaison des nombres; — Composition, — Décomposition. — Opérations, — Caractères similaires et
différentiels, — Propriétés.

III.

5. — Addition; — Résultat; — Nature de ses unités.

6. — Soustraction; — Résultat; — Valeur du plus grand
des deux termes; — Caractère du plus petit, — Nature
des unités du reste, — ses diverses acceptions.

7. — Multiplication; — Termes; — Valeur du produit en
fonction du multiplicande; — Nature de ses unités.

8. — Le multiplicande et le multiplicateur s'intervertissent.

9. — Multiplications successives, — Multiples, — Puissances, — Degré des puissances, — Carré, — Cube, —
Exposant.

IV.

10. — Division, — Ses caractères; — Termes; — Valeur du
quotient, — Double nature de ses unités.

11. — Le quotient de deux nombres entiers est entier ou
fractionnaire; — Nombre divisible, — Diviseur; —
Nombre premier; — Nombres premiers entre eux; — Reste
de la division; — Le reste est inférieur au diviseur; —
Partie fraction du quotient, lorsqu'il est fractionnaire.

12. — Racines; — Indice.

V.

PROPRIÉTÉS.

13. — Quand on augmente — ou diminue — les deux termes
d'une soustraction d'une même quantité, le reste est
constant.

14. — Multiplier — ou diviser — un produit par un nombre,
c'est multiplier — ou diviser — l'un des facteurs par ce
nombre.

Multiplier — ou diviser — le facteur d'un produit par

un nombre, c'est multiplier — ou diviser — le produit par ce nombre.

15. — Multiplier — ou diviser — un nombre par un produit, c'est le multiplier — ou le diviser — par les facteurs de ce produit.

Multiplier — ou diviser — un nombre successivement par les facteurs d'un produit, c'est le multiplier — ou le diviser — par leur produit.

16. — Dans toute multiplication, on peut intervertir l'ordre des facteurs.

17. — Elever un produit à une puissance, c'est élever chacun de ses facteurs à cette puissance.

Elever les facteurs d'un produit à une puissance, c'est élever le produit à cette puissance.

18. — Multiplier — ou diviser — un dividende par une quantité, c'est multiplier — ou diviser — le quotient par cette quantité, si le diviseur ne change pas.

19. — Multiplier — ou diviser — un diviseur par un nombre, c'est diviser — ou multiplier — le quotient par ce nombre, le dividende ne changeant pas.

20. — Quand on multiplie — ou divise — le dividende et le diviseur par une même quantité,

1.º Le quotient est constant,

2.º Le reste est multiplié — ou divisé — par ce nombre.

21. — Extraire la racine d'un nombre, c'est extraire la racine de chacun de ses facteurs

Extraire la racine des facteurs d'un nombre, c'est extraire la racine du nombre.

NOMBRES ENTIERS.

NUMÉRATION.

VI.

EXPOSITION DU SYSTÈME DÉCIMAL.

22. — Base, — Principe fondamental, — Composition des ordres, — Classes, — Unités principales, — Termes génériques.

NUMÉRATION PARLÉE.

23. — Noms des unités, — dizaines, — centaines; — des unités, — mille, — millions… — des nombres compris; — Exceptions.

33. — Un nombre qui en divise un autre divise son multiple.

34. — Deux nombres premiers entre eux étant donnés, si l'on compare par soustraction d'abord ces deux nombres, puis le plus petit et le reste, et ainsi de suite, après une série d'opérations, on obtiendra l'unité pour reste définitif.

35. — Tout nombre qui en divise deux autres divise le reste de leur division.

36. — Tout nombre qui divise le diviseur et le reste d'une division divise le dividende.

37. — Un produit étant décomposé de plusieurs manières en facteurs pris deux à deux, si l'on considère entre eux d'eux de ces assemblages, celui qui comprendra le plus grand facteur possédera nécessairement aussi le plus petit.

IX.

NOMBRES PREMIERS.

38. — Déterminer les nombres premiers.

39. — Tout nombre ne peut être décomposé que dans un seul système de facteurs premiers.

40. — Décomposer un nombre en ses facteurs premiers.

X.

DIVISEURS.

1.º GÉNÉRALITÉS.

41. — Un nombre est divisible par un autre, lorsqu'il contient tous les facteurs premiers de cet autre, et à la puissance la plus élevée.

Un nombre est diviseur d'un autre, lorsqu'il ne contient pas de facteurs premiers différents de cet autre ou à des puissances plus élevées.

Tout nombre qui divise un produit de deux facteurs et qui est premier avec l'un d'eux, divise nécessairement l'autre.

Tout nombre premier qui divise un produit de plusieurs facteurs, divise nécessairement l'un d'eux.

42. — Le nombre premier qui divise une puissance d'un nombre, divise ce nombre.

43. — Lorsque deux nombres sont premiers entre eux, leurs puissances sont premières entre elles.

44. — Lorsqu'un nombre est divisible par plusieurs nombres premiers entre eux, il l'est par leur produit.

9.

45. — Former tous les diviseurs d'un nombre.

46. — Le nombre total des diviseurs d'un nombre (en y comprenant ce nombre et l'unité), est égal au produit des exposants de ses facteurs premiers augmentés chacun d'une unité.

47. — Composition du plus grand commun diviseur de plusieurs nombres; — Si l'on multiplie ou divise l'un d'eux par un facteur, premier avec un des autres, leur plus grand commun diviseur n'est pas changé.

48. — Déterminer le plus grand commun diviseur de plusieurs nombres.

49. — Composition du plus petit nombre divisible à la fois par plusieurs nombres donnés.

50. — Déterminer le plus petit nombre divisible à la fois par plusieurs.

XI.

2.º PARTICULARITÉS.

51. — Tout nombre est divisible par 2, lorsqu'il est terminé par 0, 2, 4, 6, 8.

Nombre pair, — impair.

Tout nombre est divisible par 2^2, 2^3... — 5, 5^2, 5^3... — lorsque l'ensemble des 2, 3... — des 1, 2, 5, derniers chiffres à la droite du nombre l'est.

52. — Tout nombre est divisible par 3, quand la somme de ses chiffres, considérés comme représentant des unités simples, est divisible par 3.

Un nombre est divisé par 9, quand la somme de ses chiffres, considérés comme représentant des unités simples, est elle-même divisible par 9.

53. — Un nombre est divisible par 6, lorsqu'il est pair et divisible par 3.

Un nombre est divisible par 18, lorsqu'il est pair et divisible par 9.

Un nombre est divisible par 12 ou par 36, lorsque l'ensemble des deux derniers chiffres, considérés dans leur valeur relative, est divisible par 4 et la somme divisible par 3 ou par 9.

54. — Tout nombre est divisible par 11, lorsque la différence entre la somme des chiffres de rang impair et la somme des chiffres du rang pair, comptés à partir de la droite, est un multiple de 11.

Déterminer les caractères de divisibilité de tout nombre par un nombre quelconque.

XII.

55. — Le reste que l'on trouve en divisant par une quantité le produit de deux nombres, est égal à celui qu'on obtient en divisant par cette quantité le produit des deux restes que donne la division des nombres proposés par ce même diviseur.

56. — Un nombre est premier, lorsqu'il n'est divisible par aucun des facteurs inférieurs à sa racine carrée.

57. — Le plus grand commun diviseur de deux nombres est le même que celui qui existe entre le plus petit de ces nombres et le reste de leur division.

58. — Déterminer le plus grand commun diviseur de deux nombres.

57. — Tout nombre qui en divise deux autres divise leur plus grand commun diviseur.

60. — Déterminer le plus grand commun diviseur de plusieurs nombres.

FRACTIONS.

XIII.

CARACTÈRES ET PROPRIÉTÉS.

61. — Caractère de la fraction. — Ses termes. — Formes particulières de l'unité. — Numération parlée, — écrite.

62. — De deux fractions ayant même dénominateur, la plus grande — ou la plus petite — est celle qui a le plus grand — ou le plus petit — numérateur.

De deux fractions ayant même numérateur, la plus grande — ou la plus petite — est celle dont le dénominateur est le plus petit — ou le plus grand.

63. — Si l'on multiplie — ou divise — le numérateur par un nombre, la fraction est multipliée — ou divisée — par ce nombre.

Si l'on multiplie — ou divise — le dénominateur par un nombre, la fraction est divisée — ou multipliée — par ce nombre.

On ne change pas la valeur d'une fraction en multipliant — ou divisant — ses deux termes par un même nombre

64. — On augmente — ou diminue — une fraction, en augmentant — ou diminuant — ses deux termes d'une même quantité

On diminue — ou augmente — une expression fractionnaire, $>$ l'unité, en augmentant — ou diminuant — ses deux termes d'une même quantité.

XIV.

XV.

FRACTIONS DÉCIMALES.

XVI.

75. — Par le déplacement de la virgule, la fraction est multipliée ou divisée.

76. — Les zéros écrits ou supprimés à la droite de la fraction décimale n'en altèrent pas la valeur.

OPÉRATIONS.

77. — Additionner entre elles des fractions décimales.
Soustraire une fraction décimale d'une fraction décimale.

78. — Multiplier entre elles des fractions décimales.

79. — Diviser l'une par l'autre deux fractions décimales. — Considération.

XVIII.

CONVERSION DES FRACTIONS ORDINAIRES EN FRACTIONS DÉCIMALES
ET RÉCIPROQUEMENT.

80. — Une fraction ordinaire étant donnée pour être rendue en fraction décimale,
1.° Est réductible ou non en fraction de cette espèce, suivant que son numérateur contient ou non tous les facteurs premiers autres que 2 et 5 de son dénominateur;
2.° Irréductible en fraction décimale, elle est périodique, — périodique pure, si le dénominateur ne contient aucun des facteurs 2 et 5, — périodique mixte, si elle est irréductible et si le dénominateur renferme l'un des facteurs 2 ou 5, ou tous les deux un certain nombre de fois, — et dans ce dernier cas, la période commence immédiatement après autant de chiffres qu'il y a d'unités dans le plus grand exposant de 2 et 5, qui entrent au dénominateur.
Fraction décimale périodique, — pure, — mixte. — Période.

81. — Réduire une fraction ordinaire en fraction décimale.

82. — Réduire en fraction ordinaire,
1.° Une fraction décimale donnée;
2.° Une fraction périodique pure;
3.° Une fraction périodique mixte.

83. — Opérations des nombres fractionnaires.

EXTRACTION DES RACINES.

XVIII.

84. — Nombres compris entre deux puissances consécutives.
Quand la racine d'un nombre entier n'est pas entière, elle est incommensurable.
Quand les deux termes d'une fraction irréductible ne

9.*

COMPARAISONS.

RAPPORTS.

XIX.

CARACTÈRES ET PROPRIÉTÉS.

PROPORTIONS.

CARACTÈRES.

94. — Proportion. — Son objet. — Les deux sortes de proportions. — Leurs caractères. — Leur représentation· — Moyenne différentielle, — proportionnelle, — Proportion continue. — Dénominations des changements.

PROPRIÉTÉS.

1.º ÉQUIDIFFÉRENCES.

95. — Dans toute équidifférence la somme des extrêmes est égale à celles des moyens.

96. — Valeur d'un terme quelconque de l'équidifférence en fonction des autres termes.— Valeur d'une moyenne différentielle en fonction des extrêmes.

97. — Quatre nombres étant tels que la somme des extrêmes est égale à celle des moyens constituent une équidifférence dans l'ordre donné.

98. — Déterminer les changements que supporte l'équidifférence sans être altérée.

XX.

2.º PROPORTIONS.

99. — Dans toute proportion le produit des extrêmes est égal à celui des moyens.

100. — Valeur d'un terme quelconque de la proportion en fonction des autres termes. — Valeur d'une moyenne proportionnelle en fonction des extrêmes.

101. — Quatre nombres étant tels que le produit des extrêmes est égal à celui des moyens constituent une proportion dans l'ordre donné.

102. — Déterminer les changements que subit la proportion sans être altérée.

103. — Faire évanouir les dénominateurs qui se rencontrent dans les termes de la proportion.

104. — Quand deux proportions ont un rapport commun, les deux autres rapports forment une proportion.

105. — Lorsque deux proportions ont les mêmes antécédents ou les mêmes conséquents, les quatre autres forment une proportion.

106. — La somme ou la différence des deux premiers termes est au second terme, comme la somme ou la différence des deux derniers est au quatrième.

107. — La somme ou la différence des deux premiers termes est à la somme ou à la différence des deux derniers, comme le second est au quatrième.

108. — La somme ou la différence des deux premiers termes est à la somme ou à la différence des deux derniers, comme le premier est au troisième.

109. — La somme ou la différence des deux premiers termes est à la somme ou la différence des deux derniers, comme le premier est au troisième et comme le second est au quatrième.

110. — La somme des deux premiers termes est à la somme des deux derniers, comme la différence des deux premiers est à la différence des deux derniers.

111. — La somme des deux premiers termes est à leur différence, comme la somme des deux derniers est à leur différence.

112. — La somme ou la différence des antécédents est à la somme ou la différence des conséquents comme un antécédent est à son conséquent.

113. — La somme des antécédents est à la somme des conséquents, comme la différence des antécédents est à la différence des conséquents.

114. — Dans une suite de rapports égaux, la somme d'un certain nombre d'antécédents est à la somme de leurs conséquents, comme un antécédent quelconque est à son conséquent.

115. — Les produits de plusieurs proportions multipliées entre elles terme à terme forment une proportion.

Les puissances et les racines semblables de quantités en proportion sont en proportion.

Les quotients de plusieurs proportions divisées terme à terme forment une proportion.

PROGRESSIONS.

XXI.

CARACTÈRES GÉNÉRAUX.

116. — Origine de la progression. — Progression. — Raison de la progression. — Double caractère de la progression. — Les deux sortes de progressions.

PROGRESSIONS ARITHMÉTIQUES.

CARACTÈRES ET PROPRIÉTÉS.

117. — Progression arithmétique. — Son objet. — Sa représentation. — Valeur d'un terme quelconque.

XXII.

PROGRESSIONS GÉOMÉTRIQUES.

CARACTÈRES ET PROPRIÉTÉS

l'ensemble de toutes les progressions partielles constituera une seule et même progression.

131. — Suivant que le premier terme est l'unité ou non, la
suite des termes d'une progression géométrique considérée indéfiniment ,

    1.º Est l'expression de toutes les puissances consécu-
tives de la raison, ou non ;

    2.º Est telle que le produit de plusieurs de ses termes
constitue le terme quelconque de la progression, ou non.

132. — Dans toute progression par quotient, le produit de
deux termes équidistants des extrêmes est égal à celui
des extrêmes.

133. — Former le produit de tous les termes d'une progression par quotient.

134. — Calculer la somme des termes d'une progression par
quotient.

135. — Valeur de la somme des termes d'une progression
décroissante indéfinie par quotient.

LOGARITHMES.

XXIII.

CARACTÈRES ET PROPRIÉTÉS

136. — Origine des logarithmes. — Logarithmes. — Loga-
rithme d'un nombre. — Sa représentation. — Propriétés.
— Système de logarithmes. — Base. — Conséquence. —
Système en usage.

Système dont la base est 10.

137. — Détermination des Logarithmes.

138. — Moyen particulier pour l'insertion des termes.

139. — Déterminer directement le logarithme d'un nombre.

140. — Les logarithmes des nombres premiers suffisent à la
détermination des logarithmes de tout nombre.

141. — Degré d'approximation des logarithmes composés.

142. — Caractéristique.

    Deux nombres semblablement composés dans leurs
éléments relatifs ont même partie décimale et ont pour
différence celle de leurs caractéristiques.

    Les différences des nombres sont à moins d'un cent-
millième près proportionnelles à celles de leurs logarithmes, lorsque les différences des nombres ne surpassent pas l'unité, et que ces nombres sont plus grands
que 1000.

    Table de logarithmes. — Différence tabulaire.

Détermination des Logarithmes des nombres et réciproquement.

143. — Déterminer le logarithme d'un nombre entier $<$ou$>$ 1000; — d'un nombre fractionnaire, ordinaire et décimal; — d'une fraction ordinaire et décimale.

144. — Déterminer le logarithme de la racine n^e d'une fraction donnée.

145. — Trouver le nombre correspondant à un logarithme compris dans les tables, (—observation); — non compris dans les tables; — quand la caractéristique est négative; — quand le logarithme est entièrement négatif.

146. — Obtenir en décimales la valeur de la fraction correspondante, quand le logarithme est entièrement négatif.

147. — Obtenir en fraction ordinaire la valeur de la fraction correspondant à un logarithme dont la caractéristique est négative.

148. — Emploi des compléments arithmétiques dans les logarithmes.

Amiens. — Imp. de Duval et Herment.